AF307174

G. Harisch M. Kretschmer

Jenseits vom Milligramm

Die Biochemie auf den Spuren der Homöopathie

Mit 69 Abbildungen

Springer-Verlag
Berlin Heidelberg New York
London Paris Tokyo Hong Kong

Professor Dr. med. vet. Günther Harisch

Dr. rer. nat. Michael Kretschmer

Institut für Physiologische Chemie
Tierärztliche Hochschule Hannover
Bünteweg 17
3000 Hannover 71

ISBN-13:978-3-642-47597-9   e-ISBN-13:978-3-642-47595-5
DOI: 10.1007/978-3-642-47595-5

Die Wiedergabe von Gebrauchsnamen, Handelsnamen, Warenbezeichnungen usw. in diesem Werk berechtigt auch ohne besondere Kennzeichnung nicht zu der Annahme, daß solche Namen im Sinne der Warenzeichen- und Markenschutz-Gesetzgebung als frei zu betrachten wären und daher von jedermann benutzt werden dürften.

Produkthaftung: Für Angaben über Dosierungsanweisungen und Applikationsformen kann vom Verlag keine Gewähr übernommen werden. Derartige Angaben müssen vom jeweiligen Anwender im Einzelfall anhand anderer Literaturstellen auf ihre Richtigkeit überprüft werden.

Gesamtverarbeitung: K. Triltsch, 8700 Würzburg
2127/3140/543210 — Gedruckt auf säurefreiem Papier

*Veronica und Karl Carstens
in Dankbarkeit*

Vorwort

Zu diesem Buch gibt es bisher nichts Vergleichbares. Damit ist jedoch keine Heraushebung gemeint, vielmehr empfinden die Autoren Erstaunen über diese Tatsache. Es muß jedoch zugestanden werden, daß dieses Erstaunen nicht schon seit dem Beginn der Beschäftigung mit der hier behandelten Materie vorhanden war, sondern sich parallel zur Quantität der erhaltenen Ergebnisse entwickelt hat. Damit soll zudem ausgedrückt und zugegeben werden, daß die Anfänge von Unsicherheiten und Zweifeln begleitet waren und daß Sicherheit sich erst allmählich einstellte. Es handelt sich also um eine ganz normale Entwicklung. Es darf nicht unerwähnt bleiben, daß hier nur ein Zeitraum von vier Jahren beschrieben wird. Zweifellos werden in nächster Zeit weitere Ergebnisse zur Verfügung stehen. Dennoch erschien es geboten, nicht länger zu warten. Der Grund hierfür ist durch die Intention dieses Buches hinlänglich fundiert: es soll Machbarkeiten signalisieren und auf diese Weise interessierte Kollegen zur Durchführung ähnlicher Untersuchungen anregen.

Die in diesem Buch vorgestellte Forschung ist weitgehend experimentelles Neuland, und nicht jedes Experiment war notwendigerweise vom Erfolg im Sinne einer Effektfindung begleitet. Deshalb werden ganz bewußt auch „Negativergebnisse" präsentiert. Denn Negativergebnisse sind sie nur solange, wie die existenten Zusammenhänge nicht erkannt und folglich ihr Zustandekommen nicht erklärt werden kann.

Vor dem erstrebenswerten und notwendigen Ziel der Erklärbarkeit ist eine anstrengende Wegstrecke auszumachen. Aber dieser Weg ist begehbar, wie das Buch aufzuzeigen versucht.

G. Harisch, M. Kretschmer   Hannover, April 1990

Inhaltsverzeichnis

Warum dieses Buch?

Dieses Buch bietet keinen Erklärungsversuch über das Zustandekommen der von Homöopathika ausgeübten Effekte an; es stellt keine Lehrsätze über den Nachweis der Wirkung auf; es zeigt sich bei der Diskussion der aufgefundenen Effekte zurückhaltend.

Warum? Die bisher erarbeiteten Ergebnisse lassen eine umfassende Sicht der Dinge nicht zu.

Warum erscheint das Buch dann nicht erst nach Vorliegen einer größeren Fülle von Daten und präsentiert diese dann in Zusammenhang mit theoretischen Überlegungen?

Dies hängt mit der Intention des Buches zusammen. Es soll aufzeigen, welche Ergebnisse mit den bisher durchgeführten Versuchsansätzen erhalten werden können. Dies soll interessierte Kollegen anregen, diese oder ähnliche Versuche durchzuführen und — vor allem — das angewandte experimentelle Design zu verbessern.

Wieso wurden nur Versuche zur Wirkungsentfaltung homöopathischer Verdünnungen in zellulären Funktionssystemen durchgeführt?

Die Ursache liegt in den dem Fachgebiet „Physiologische Chemie" zur Verfügung stehenden Methoden begründet. Die Erforschung der einer homöopathischen Verdünnung innewohnenden Besonderheit, welche letztlich die gemessenen Effekte verursacht, gehört in andere Fachgebiete wie z.B. in das der Physik. Die Methodik der Biochemie ist, getrennt angewandt, nicht zur lückenlosen Aufklärung verwendbar.

Gilt das eben Gesagte nur für Hochpotenzen oder auch für Tiefpotenzen?

Es gilt für beide, denn auch bei Tiefpotenzen, die noch nennenswerte Quantitäten des Inhaltsstoffes aufweisen, wurde keine lineare Dosis-Wirkungs-Relation gefunden.

Warum wurden überhaupt Experimente durchgeführt? Hätten klinisch-therapeutische Untersuchungen nicht ausgereicht, die Wirksamkeit oder Unwirksamkeit homöopathischer Verdünnungen nachzuweisen?

Sie hätten im Prinzip ausgereicht. In einer naturwissenschaftlich geprägten Zeit wird jedoch ein Nachweis im Bereich zellulärer Funktionssysteme angestrebt, und der Forscher sollte sich auch für das Gebiet der Homöopathie dieser Forderung nicht entziehen. Ganz abgesehen davon, daß nicht nur diese Forderung, sondern schlichtweg die vielen ungeklärten Effekte beim Einsatz von Homöopathika die Neugier des Forschers wecken und eine Triebfeder für solche Untersuchungen sein können.

Sollte man also alles nachzuweisen versuchen, was derzeit unbekannt ist?

Grundsätzlich kann und sollte alles erforscht werden. Wenn ein Nachweis nicht gelingt, so kann das bedeuten, daß die zur Verfügung stehenden Methoden derzeit noch nicht ausreichend sensitiv sind. Es gibt jedoch Dinge, die zu erforschen aus verschiedenen Gründen nicht angebracht ist. Es erfordert Demut, dies zu erkennen und einzugestehen. Demut ist jedoch unter Naturwissenschaftlern hinter die Maxime der spezifisch dynamischen Wirkung des Machbaren zurückgetreten.

*Woran liegt es, daß Homöopathie bislang noch weitgehend
unerforscht ist?*

Die Gründe liegen z.T. im eben Gesagten. Das Streben zum
Erforschen führt aufgrund aktueller Gegebenheiten zur Heraus-
bildung einiger weniger Forschungsschwerpunkte, so daß anderes unterbleiben muß, weil es nicht vom Hauptstrom der Kausal-
kette mitgerissen wird. Trotzdem sollte man sich mit den „Stief-
kindern der Forschung" beschäftigen. Diese Situation ist für die
Homöopathieforschung gegeben.

Welche Rolle kommt dabei dem Buch zu?

Es soll dazu beitragen, solche Forschungen in den Hauptstrom des wissenschaftlichen Interesses einzuleiten, was zumin-
dest für den Bereich der noch quantitativen Tiefpotenzen keine
Hürde darstellen dürfte. Drei Reaktionen auf dieses Buch
erscheinen möglich:
- Ignorierung,
- einseitige Kommentierung oder
- Motivierung zur Durchführung ähnlicher und möglicherweise besserer Untersuchungen zu dieser Thematik.

*Richtet sich das Buch denn nicht an homöopathisch therapie-
rende Ärzte?*

Nein. Die in grundlegenden Untersuchungen erhaltenen, hier
vorgestellten Ergebnisse lassen zum jetzigen Zeitpunkt keine
therapeutischen Ableitungen zu.

Ist die Homöopathie jetzt naturwissenschaftlich nachgewiesen?

Nein. Das Buch macht einen Anfang und signalisiert Machbarkeiten.

A Einleitung

Es wird gefordert, daß vor der *Integrierung* der homöopathischen Heilweise in das Gesamtgebäude der Medizin die Durchdringung mit den Methoden der *Naturwissenschaft* stehen müsse.

Diese Forderung besteht vor dem Hintergrund des derzeit gültigen naturwissenschaftlich geprägten Weltbildes zu Recht. Eine Übereinstimmung darüber — so sollte man denken — müßte zu erzielen sein, um dann unverzüglich die notwendigen experimentellen Schritte im Sinne einer Klärung der anstehenden Fragen zu unternehmen. Möglicherweise besteht seitens der Hochschulmedizin kein Handlungsbedarf, und zwar deswegen nicht, weil ein Nachweis für nicht nötig erachtet wird. Aus Mangel an Beweisstücken kann und soll kein Urteil gefällt werden. Hierüber Betrachtungen anzustellen wird jedoch in dem zu präsentierenden Zusammenhang unterbleiben, da dies nicht produktiv ist, sondern vielmehr den Erkenntnisstillstand fortschreibt.

Das vorliegende Buch beschreibt erste Schritte, die gegangen worden sind, um Effekte kleinster Dosen aufzusuchen. Hierfür ist sicher nicht jedes der zahlreichen *Homöopathika* in gleicher Weise geeignet. Nur definierte singuläre Inhaltsstoffe in homöopathischer Präparation wurden zunächst verwendet.

Aufgefundene Effekte dieser Präparate sollten sich mit größerer Wahrscheinlichkeit besser in bekannte Zusammenhänge einordnen lassen, als dies etwa bei Verwendung von pflanzlichen, aus zahlreichen Einzelkomponenten, mit zudem noch variablem Verhältnis, bestehenden Präparaten der Fall sein dürfte. Damit soll aber keine Abwertung der pflanzlichen Homöopathika vorgenommen werden.

Ausschlaggebend für eine derartige Auswahl war auch das Auffinden der geeigneten biochemischen Meßgrößen, denn alle hier präsentierten Effekte sollten mit den Mitteln und Methoden der *Biochemie* erarbeitet werden. Damit ist auch ausgesagt, daß die Wirkungen innerhalb zellulärer Funktionssysteme bestimmbar sein müssen und die notwendigen Forschungsarbeiten über die präparationsbedingten *Informationsfortschreibungen* der homöopathischen Potenzen keine Rolle spielen werden, da derartige Arbeiten nicht ausschließlich mit den Mitteln der Biochemie bewältigt werden können.

Die Auswahl der biochemischen Meßgrößen ist schwierig, weil dabei nicht auf bekannte Zusammenhänge zurückgegriffen werden kann. Es empfiehlt sich daher, nur solche Stoffe in homöopathischer Aufbereitung einzusetzen, deren Stellung innerhalb der Funktionssysteme des Organismus — sei es auf zellulärer oder gesamtorganismischer Ebene — weitgehend als bekannt gelten kann. Daraus ergibt sich nicht zwingend, daß derselbe Stoff in kleinsten Dosen — oder seine präparationsbedingte Informationsfortschreibung jenseits der Loschmidtschen Zahl — einen quantifizierbaren Effekt ausübt. Ebenso ergibt sich daraus nicht, welche Qualität eine Beeinflussung haben muß.

Eine Möglichkeit zur Parameterwahl kann auch aufgrund der Beachtung der für ein bestimmtes Homöopathikum geltenden therapeutischen Gepflogenheiten erfolgen, d.h., es könnte z.B. überprüft werden, ob sich der Einsatz von Arsenicum album im Falle von Leberzirrhose anhand biochemischer Daten rechtfertigen läßt.

Zur Erreichung der Ziele innerhalb des hier vorgestellten Forschungsprojektes wurde zunächst der ersten Möglichkeit zur Parameterwahl der Vorzug gegeben.

Auch die Auswahl der *Funktionssysteme,* denen die *Meßgrößen* zuzuordnen sind, erfolgte zunächst mit einer gewissen Willkür. Um beim obigen Beispiel zu bleiben: im Falle von Arsenicum album müßte u.a. überprüft werden, ob die erwähnte Wirksamkeit auf einer Verminderung der Proteinsynthese oder auf einem vermehrten Abbau etwa durch lysosomale Enzyme beruht. Beide Möglichkeiten erfordern die Auswahl jeweils anderer Meßgrößen.

Im Rahmen des Homöopathie-Forschungsprojektes lag das Augenmerk auf der Beeinflußbarkeit lysosomaler Proteasen und Glycosidasen.

Ein weiterer umfangreicher Teil der Untersuchungen wurde an Peritoneal-Mastzellen erarbeitet. Hier konnte davon ausgegangen werden, daß der Einfluß der Vorbehandlung eines Organismus auf funktionelle Meßgrößen des Lysosoms im Verband des Lebergewebes bzw. der Mastzelle gerichtet ist. Trotzdem müssen jeweils mehrere Funktionen eines solchen Systems untersucht werden, um die Richtigkeit dieser Annahme erkennen zu können.

Bei der Wahl von Enzymaktivitäten als Meßgrößen wurde außerdem auf topologische Unterschiede hinsichtlich des Vorkommens in subzellulären Kompartmenten geachtet.

Wie soll das ausgewählte Homöopathikum Gelegenheit erhalten, auf eine bestimmte zelluläre Funktion einzuwirken? Das ist sicher abhängig von der Art der Applikation.

Die Ergebnisse der vorliegenden Studien wurden ausschließlich an gesunden Tieren erarbeitet. Damit entfiel die Möglichkeit zur Verabreichung zeitlich nach einem krankmachenden Ereignis: der therapeutische Versuchsansatz wurde nicht praktiziert. Die orale oder peritoneale Applikation des Homöopathikums erfolgte unterschiedlich oft vor dem beabsichtigten Zeitpunkt der Probenahme; diese entspricht einem *prophylaktischen Versuchsansatz*. Diese Applikationsart ermöglicht es, daß die Wirkung des Pharmakons — sämtliche Homöopathika sind Pharmaka — sich *gesamtorganismisch* entfalten kann. Zum jetzigen Zeitpunkt dürfte dieser Gesichtspunkt für die Homöopathieforschung im Sinne der Ergebnissicherung von großer Bedeutung sein. Der Wert einer solchen Verabreichungsart an ein Tier ist folglich über dem einer Verwendung von Zellkulturen anzusiedeln. Grundsätzlich können jedoch auch Zellkulturen für die Klärung spezieller Fragen Verwendung finden.

Die hier präsentierten Grundlagenuntersuchungen konnten auf das bei der Therapie mit Homöopathika häufig beachtete Prinzip der Individualität keine Rücksicht nehmen. Die Verwendung möglichst in allen physiologischen Funktionen identischer Tiere läßt individuelle Merkmale in den Hintergrund treten und verhindert die Beachtung individueller Reaktionen, sofern diese nicht Parameter sind. Die homöopathische Grundlagenforschung kommt gut ohne das Eingehen auf diese Individualität aus.

So ergab sich durch Beachtung der genannten Einzelheiten ein ganz bestimmtes experimentelles Design, das für alle hier präsentierten Studien eingehalten wurde. Da diese Einzelheiten einer subjektiven Problemanalyse entspringen, stellen sie selbstverständlich nicht den einzigen gangbaren Weg zur Problemlösung dar. Diese Unvollkommenheit wurde ganz bewußt in Kauf genommen mit dem Ziel, möglichst viele interessierte

Naturwissenschaftler an die Homöopathieforschung heranzuführen.

So wird zukünftig vieles möglicherweise anders und in Fortführung dieser Gedankengänge und Experimentalansätze auch besser gemacht werden können.

Neue Ideen sollten impulsgebend eingebracht und entsprechend in die experimentelle Tat umgesetzt werden. Wenn dadurch der Naturwissenschaft im allgemeinen und speziell im Bereich der Homöopathie Erkenntnisse zugeführt werden, hat die vorliegende Studie ihre Katalysatorfunktion zum Nutzen des Ganzen erfüllt.

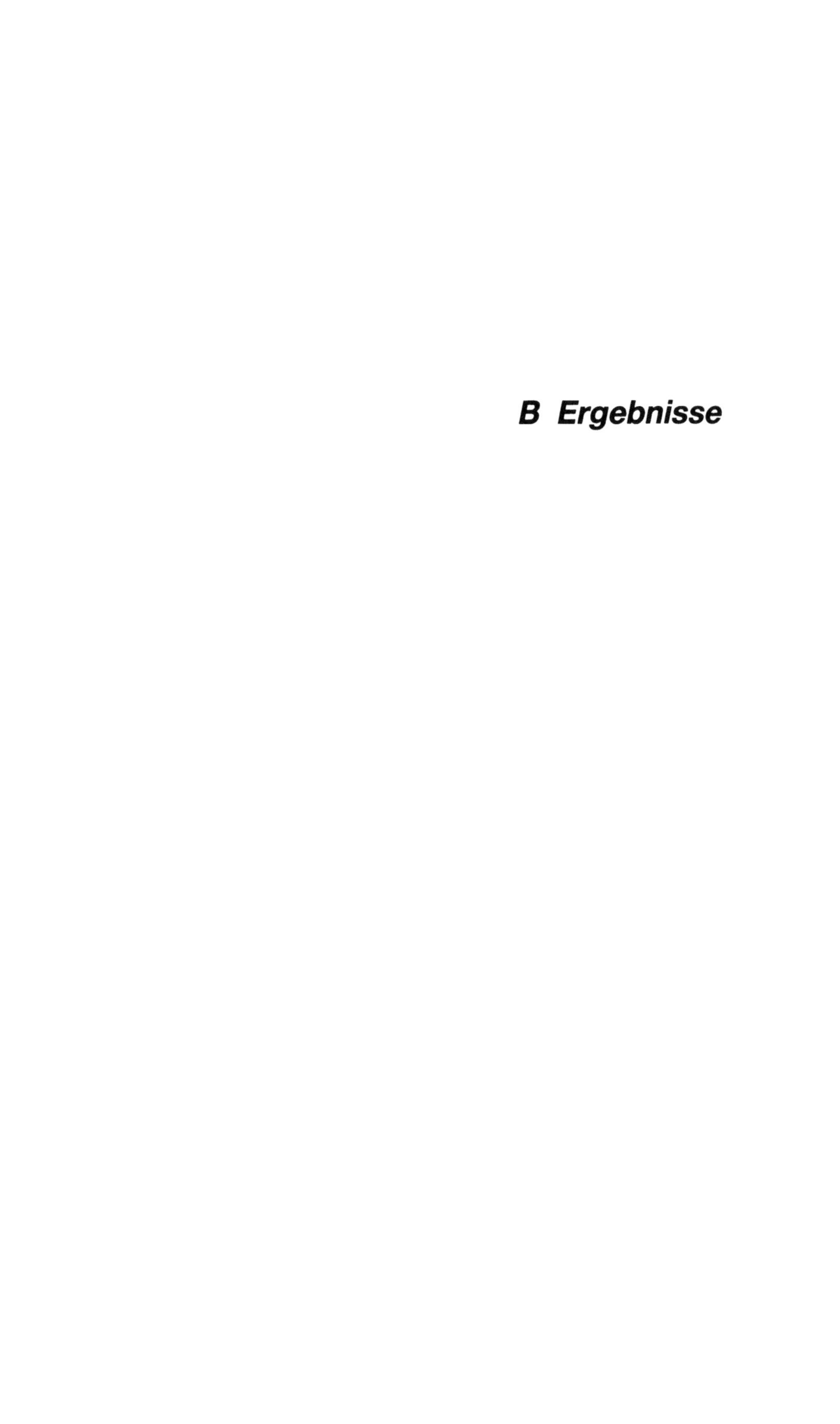

B Ergebnisse

1 Mastzellen

1.1 Literaturauswahl

Mastzellen (MZ) fielen aufgrund ihrer eigenartigen zytoplasmatischen Granula vor mehr als 100 Jahren erstmalig Paul Ehrlich auf. Diese strukturelle Eigenart teilen sie mit basophilen Granulozyten (Basophile). Beide Zellspezies besitzen noch eine Reihe weiterer Gemeinsamkeiten bzw. Entsprechungen:
- Sie enthalten charakteristische Mediatorstoffe, die durch einen sogenannten Release-Vorgang in die zelluläre Umgebung abgegeben werden.
- Dieser Vorgang kann durch eine Reihe von exogen induzierten Ereignissen provoziert werden.
- Beide sind relativ einfach in ausreichender Zahl präparativ zu gewinnen.

Dies favorisiert sowohl MZ als auch Basophile für modellhafte Untersuchungen (Kazimierczak and Diamant, 1978; MacGlashan and Lichtenstein, 1980; Metcalfe et al., 1981; Siraganian, 1981; Schulman et al., 1982; Siraganian, 1983; Siraganian, 1985).

Im folgenden soll vorwiegend auf die Verhältnisse bei den MZ eingegangen werden, da sie bei den weiter unter beschriebenen Experimentalarbeiten als Untersuchungsobjekt dienten.

Die intensive Erforschung der MZ, ihrer strukturellen Besonderheiten und ihrer Inhaltsstoffe wurde erst durch die Entdeckung ermöglicht, daß MZ der Ratte mittels Peritonealspülungen gewonnen werden können. Man erhält auf diese Weise etwa $1,5 \times 10^6$ MZ pro Ratte. Da dies allerdings nur etwa einem Zehntel der Gesamtzellzahl des Spülmediums entspricht, sind weitere präparative Reinigungsschritte erforderlich (Coutts et al., 1980; White and Pearce, 1982; Heiman and Crews, 1985; Harisch and Kretschmer, 1987).

Mastzellen-Charakteristika

Mastzellen besitzen Oberflächenrezeptoren (F_cR), die den F_c-Anteil des Immunglobulins E (IgE) mit hoher Affinität zu binden vermögen. Erst nach IgE-Bindung erfolgt bei Anwesenheit von mehr oder weniger spezifischen Antigenen eine Freisetzung von Mediatorstoffen. MZ entwickeln sich aus hämatopoietischen Vorläuferzellen, die dem Knochenmark entstammen. Die genannten Eigenschaften gelten für MZ und Basophile.

MZ durchlaufen eine Kreislaufphase. Sie haben eine relativ lange Halbwertszeit und behalten die Fähigkeit zur Proliferation. Letztere Eigenschaften gelten nicht für Basophile. Während beim Menschen sowohl MZ als auch Basophile in jeweils großer Anzahl vorkommen, wurden für mehrere Tierspezies inverse quantitative Beziehungen für beide Zellarten festgestellt (Siraganian, 1988).

Mastzellen sind mononukleär. Ultrastrukturell fallen einige, nicht sehr zahlreiche Mitochondrien auf. Eine wesentliche Besonderheit stellen die zahlreichen, teilweise elektronendichten Granula dar, die insgesamt heterogener strukturiert sind als bei Basophilen. Vereinzelt finden sich in den MZ Lipidformationen, die mit Arachidonsäure radiomarkiert werden können.

Mastzell-Typen

Bei der Ratte werden zwei unterschiedliche MZ-Populationen beschrieben, die nach dem Ort ihres Vorkommens „MZ vom Bindegewebs-Typ" (Connective-tissue-type) und „MZ vom Mukosa-Typ" (Mucosal-type) genannt werden. Die aus der Peritonealhöhle entnehmbaren Mastzellen gehören zum Bindegewebs-Typ. Sie sind etwa doppelt so groß und enthalten etwa 8- bis 12mal mehr Histamin als MZ vom Mukosa-Typ (Tabelle 1).

Die Anzahl der Mukosa-MZ ist bei der Ratte nach Infektion mit dem Parasiten Nippostrongylus brasiliensis, gesteuert durch den T-Zell-Faktor Interleukin 3, stark erhöht.

Tabelle 1. Eigenschaften der verschiedenen Mastzell-Typen (nach Siraganian, 1988)

Eigenschaft	Bindegewebs-Typ	Mukosa-Typ
Anfärbung (Alcianblau/Safranin)	rot-blau	blau
Größen	9 bis 20 µm	kleiner
Granula	groß, zahlreich, einheitliche Größe	kleiner, unterschiedliche Größe
T-Zell-abhängige Proliferation	−	+
Migration	keine Migration	Migration
Lebensdauer	lang	kurz
Halblebenszeit	>6 Monate	<40 Tage
Proteoglykan	Heparin	Chondroitinsulfate
Histamingehalt	10 bis 30 pg/Zelle	<2 pg/Zelle
Proteasetyp	RMCP I (Chymase, Carboxypeptidase)	RMCP II
Sekretagoga		
IgE	+	+
Ca^{2+}-Ionophor	+	+
Compound 48/80	+	−
Bradykinin	+	−
Somatostatin	+	−
Opiate	+	−
Arachidonsäure-Metaboliten	PGD_2	LTC_4 PGD_2

RMCP = rat mast-cell protease
+ = positiver Effekt; − = fehlt bzw. kein Effekt

Zwischen beiden MZ-Typen bestehen auch hinsichtlich des Proteoglykangehaltes Unterschiede. Während der Bindege-webs-Typ Heparin enthält, welches offensichtlich für die Aufrechterhaltung der hohen intragranulären Histaminkonzentration von erheblicher Bedeutung ist, finden sich im Mukosa-Typ Chondroitinsulfate, welche durch die Existenz von $\beta(1 \rightarrow 3)$-Bindungen zwischen den Uronsäure- und den N-Acetyl-β-D-Galactosaminsulfat-Anteilen ausgezeichnet sind.

Typspezifisch sind proteolytische Enzyme enthalten, und zwar Protease I im Bindegewebs-Typ und Protease II im Mukosa-Typ. Mehrere Gründe sprechen für eine größere Ähnlichkeit zwischen Basophilen und den MZ vom Mukosa-Typ (Seldin et al., 1985; Kido et al., 1986).

Beide Zelltypen können sich ineinander umwandeln. Die Transformation wird durch Faktoren der Mikroumgebung gesteuert (Bland et al., 1982; Ginsburg et al., 1982; Levi-Schaffer et al., 1986; Nakano et al., 1985; Sonoda et al., 1986).

Im Gegensatz zu Basophilen behalten beide MZ-Typen die Fähigkeit zur Proliferation (Musch and Siegel, 1986; Abe and Nawa, 1987; Chan et al., 1988).

Mastzell-Mediatoren und permanente Inhaltsstoffe

Tabelle 2 gibt einen Überblick über permanent vorhandene (präformierte) und neu gebildete Mediatoren der Mastzelle (Siraganian, 1988).

Histamin entsteht aus L-Histidin mittels des Enzyms Histidin-Decarboxylase, welches im Zytoplasma der MZ vorhanden ist. Das Histamin wird in den Granula in Form von Proteoglykan-Komplexen gespeichert, wobei zwischen den Carboxylgruppen des Proteoglykans Heparin und dem Histamin Ionenbindungen ausgebildet werden (Uvnäs, 1978). Für Histamin existieren spezifische Rezeptoren. Histamin-H_1-Rezeptorenkomplexe sind an der Kontraktion der glatten Bronchial- und Intestinalmuskulatur beteiligt. Histamin-H_2-Rezeptorkomplexe spielen innerhalb der Magensaftsekretion eine Rolle. Antihistaminika sind H_1- und/oder H_2-Rezeptorenblocker.

Histamin wird vorwiegend in der Leber durch Monoaminoxidase zu Methylimidazolessigsäure abgebaut oder durch eine Histamin-N-Methyltransferase zu Methylhistamin methyliert, wobei S-Adenosyl-Methionin als Methyldonator fungiert (Brown et al., 1959).

Bindegewebs-MZ enthalten Heparin, während Mukosa-MZ, wie erwähnt, Chondroitinsulfate – vorwiegend vom Typ E – besitzen. Heparin ist durch O-glykosidische Bindungen meist über Serinanteile an ein Proteinmolekül gebunden, wobei ein

Tabelle 2. Mediatoren aus Mastzellen und Basophilen (nach Siraganian, 1988)

A. Präformierte Mediatoren
1. Biogene Amine
   Histamin
   Serotonin
2. Neutrale Protease
   RMCP I und II
3. Proteoglykane
   Heparin
   Chondroitinsulfat
4. Saure Hydrolase
   β-Hexosaminidase
   β-Glucuronidase
   β-D-Galactosidase
   Arylsulfatase
5. Chemotaktische Faktoren (CF)
   Eosinophile CF
   Hochmolekularer CF für Neutrophile

B. Neugebildete Mediatoren
1. Arachidonsäure-Derivate
   PGD_2
   LTC_4, LTD_4, LTE_4
2. Blutplättchen aktivierender Faktor

RMCP = rat mast-cell protease

Proteoglykan entsteht. Es besitzt zahlreiche negative Ladungen, welche eine Ionenbeziehung zu verschiedenen anderen Inhaltsstoffen der Granula, u.a. zum Histamin ermöglichen. Auch Zink scheint daran beteiligt zu sein (Weitzel und Fretzdorf, 1956).

Insgesamt gesehen entfaltet Heparin eine Reihe von Wirkungen, von denen der antikoagulative Effekt am längsten bekannt ist. Zusätzlich beeinflußt es eine Reihe von Enzymen, auch lysosomale, im Sinne einer Regulation.

Enzyme

Neutrale Proteasen sind Bestandteile der Granula und werden proteoglykan-gebunden im Zuge des Release-Vorgangs freigesetzt. Die Art der Protease ist Mastzelltyp-spezifisch.

Daneben enthalten MZ entsprechend ihrer spezifischen Funktionssysteme eine ganze Reihe anderer Enzyme, zu denen überraschenderweise auch das Enzym Superoxid-Dismutase (SOD) gehört, was auf eine Superoxidanion-Radikalbildung hinweist.

Nach Stimulierung der MZ wird eine Reihe weiterer Faktoren gebildet (s. Tabelle 2). Dazu gehören Abkömmlinge der Prostaglandine und Leukotriene als Derivate der Arachidonsäure, ferner der Platelet-activating-factor (PAF), der zur Klasse der Phospholipide gehört.

Rezeptoren der Mastzellen-Oberfläche

Mastzellen und Basophile binden den F_c-Anteil des IgE-Moleküls mit hoher Affinität; Makrophagen, Lymphozyten und Eosinophile mit niedriger Affinität. Die Struktur des IgE-Rezeptors ist bekannt (Froese, 1984).

Die Reduzierung von Disulfidbrücken auf dem IgE-Molekül führt zum Verschwinden der Rezeptorbindungsfähigkeit (Takatsu et al., 1975). Die F_c-Rezeptoren sind nur auf der Oberfläche der MZ vorhanden. Zytoplasmatische Bindungsorte sind höchstwahrscheinlich nicht existent. Schätzungen ergaben eine Anzahl von F_c-Rezeptoren zwischen 10^3 und 10^6 pro MZ-Oberfläche (Siraganian, 1988) bzw. 10^4 und 10^5 (Ring und Ahlborn, 1983).

Release-Reaktion

Bei Kontakt von rezeptorgebundenem IgE mit Antigenen erfolgt ein Release von Mediatorsubstanzen. Das Antigen wird dabei vom F_{ab}-Anteil des IgE-Moleküls in der Weise gebunden, daß zwei Immunglobuline überbrückt werden (bridging). Dies ist die „natürliche" Einleitung des Release-Vorgangs. Eine Reihe von Stoffen kann eine Mediatorfreisetzung ohne Anwesenheit von IgE und Antigen bewirken. Man bezeichnet solche Stoffe als Releaser. Dazu gehören z.B. das Calcium-Ionophor A-23187, welches sich in die MZ-Membran einspleißt und einen Ca-Ionen-Transport bewirkt, der zum Release führt. Das Polykation Compound 48/80 bewirkt einen Mediatorrelease nur beim MZ-Bindegewebs-Typ (Rosengard et al., 1986).

Der IgE-gesteuerte Release ist ein exozytotisches, nichtzytotoxisches Ereignis, das in weniger als 30 Minuten abgeschlossen ist. Die Anwesenheit von Ca-Ionen ist zwingend. Die optimale Temperatur für den Release-Vorgang in vitro ist 37 °C und entspricht damit der physiologischen Normaltemperatur. Auch ohne Anwesenheit von IgE und Antigen bzw. eines Releasers erfolgt in vitro bei 37 °C eine Abgabe von Mediatorstoffen. Dieser „Grundrelease" wird durch IgE-Antigen oder Releaser stark erhöht.

Trotz der großen Anzahl von F_c-Rezeptoren auf der MZ-Oberfläche reicht die Beladung von weniger als 1% der Rezeptoren mit IgE und deren „bridging" mit Antigen aus, um eine Mediatorfreisetzung zu bewirken (Dembo and Goldstein, 1980; Ishizaka and Ishizaka, 1984).

Der Release-Vorgang ist energieabhängig. Wie aus Experimenten mit Cyanid-Ionen, Desoxyglucose und Antimycin geschlossen werden kann, sind sowohl Glykolyse bzw. Phosphogluconat-Weg als auch cytochromabhängige Funktionen beteiligt (Johansen, 1980; Johansen, 1981).

An der Einleitung des Release-Vorganges ist eine Protease beteiligt, die in bezug auf den MZ-Typ unterschiedlich ist. Eine weitere Protease ist möglicherweise an der Desensibilisierung beteiligt (Ishizaka and Ishizaka, 1984; Kazimierczak et al., 1984).

In jüngster Zeit sind GTP-bindende Proteine (G- Proteins) in Beziehung zum MZ-Stoffwechsel gesetzt worden. Sie könnten aktivierend auf die Proteinkinase C wirken (Gompertz, 1983; Cockcroft and Gompertz, 1985; Deckmyn and Majerus, 1986; Barrowman et al., 1986).

Bei einem IgE-vermittelten Release-Vorgang steigt innerhalb der Mastzelle cAMP stark an. Dabei bestehen Beziehungen zur S-Adenosyl-Methionin-abhängigen Methylierung von Phospholipiden (Sullivan et al., 1976; Ishizaka, 1982; Ishizaka et al., 1983); die Entfaltung der cAMP-Effekte dürfte, entsprechend der Situation im Stoffwechsel anderer Organe, über Proteinkinasen erfolgen. Über die cAMP-Effekte im MZ-Stoffwechsel bestehen noch viele Unklarheiten (Diamant et al., 1978; Sydbom et al., 1981; Sydbom and Fredholm, 1982; Alm and Bloom, 1982).

Calcium-Effekte

Die Ca^{2+}-Konzentration im Zytoplasma der MZ beträgt ungefähr 100 nM, im extrazellulären Raum ungefähr 2 mM. Ein Anstieg der intrazellulären Ca^{2+}-Konzentration ist mit dem Release-Vorgang verbunden. Die Ursache dieses Anstiegs, ob in der Mobilisierung endogener Calcium-Depots (Ennis et al., 1980; Neher, 1988; Takei et al., 1989) oder im vermehrten Calcium-Einstrom begründet, konnte noch nicht zweifelsfrei geklärt werden. Gegen den Einstrom spricht die äußerst rasche intrazelluläre Konzentrationserhöhung, die von einem energieabhängigen Pumpvorgang kaum bewältigt werden könnte.

Auf die diesbezügliche, äußerst umfangreiche Literatur soll hier nur verwiesen werden (König et al., 1983; Ishizaka and Ishizaka, 1984).

Proteinkinasen

Mit den spezifischen Leistungen der MZ ist die Phosphorylierung intrazellulärer und superfizialer Proteine durch Proteinkinasen verbunden. Es gibt cAMP-, cGMP- und Ca-abhängige Proteinkinasen. Für letztere wird zwischen Calmodulin- und Phospholipid-gesteuerten Kinasen unterschieden. Mit der Stimulierung der MZ ist eine gleichzeitige oder verzögerte Phosphorylierung verschiedener Proteine verbunden (Sieghart et al., 1978; Theoharides et al., 1980; Sieghart et al., 1981).

Prostaglandine und Leukotriene

Die Synthese von Prostaglandinen und Leukotrienen beginnt mit der Arachidonsäure (Karlson, 1988, p. 399). Diese C-20:4-Polyensäure ist Bestandteil von Phosphatiden. Sie wird durch ineinandergreifende Reaktionen von Phospholipase C und A_2

mobilisiert und kann dann durch Cyclooxygenase zu Prostaglandinen bzw. durch Lipoxygenase zu Leukotrienen umgewandelt werden. Auf diese Weise entsteht eine Reihe von Mediatorstoffen, die im Entzündungsgeschehen ihre mehr oder weniger spezifischen Funktionen erfüllen.

Die vorstehende Übersicht liefert einen Überblick über die Funktionen der Mastzelle. Sie beleuchtet einige wichtige Schwerpunkte, die nach Meinung der Autoren für eine Weiterentwicklung der objektbezogenen Homöopathieforschung eine gewisse Eignung aufweisen.

Aus der Übersicht ergibt sich, daß die MZ Bestandteil eines komplexen Systems ist, mit dessen Hilfe der Organismus einen bestimmten Gewebebereich in die Lage versetzen kann, auf verschiedenartige exogene oder endogene, unphysiologische oder physiologische, schädliche oder unschädliche Faktoren zu reagieren, was sich fallweise als Inflammation manifestiert.

Ein komplexes System ist naturgemäß eher störanfällig als ein nur aus wenigen Komponenten aufgebautes. Eine Reihe bekannter und für die betroffenen Individuen äußerst unangenehmer Krankheitsbilder resultiert aus solchen Systemstörungen. Genannt seien allergische Erkrankungen, Asthma bronchiale, Urtikaria, Nahrungsmittelunverträglichkeit und Kontaktdermatitiden.

1.2 Methodik

a) Intention

Es sollte untersucht werden, ob eine orale Applikation von Homöopathika Einflüsse auf den Histamin-Release aus peritonealen Mastzellen der Ratte ausübt.

b) Verwendete Homöopathika und Darreichungsform

Zincum metallicum, Calcium carbonicum, Silicea, Sulfur, Histaminum hydrochloricum, jeweils D 4, D 6, D 8, D 12, D 30, D 200, D 1000 als Milchzuckertabletten; bei Phosphorus D 10, D 12, D 30, D 200, D 1000.

c) Versuchsregie

Orale Applikation der Milchzuckertabletten jeweils zwischen 8.30 und 9.00 Uhr an sieben aufeinanderfolgenden Tagen. Die Probennahme erfolgte 24 Std. nach der letzten Einzelapplikation.

Männliche Wistar-Ratten (Hagemann, Extertal, SPF Charles River) von 250 ± 10 g Körpergwicht am Tag der Probennahme. Die Tiere wurden 8 bis 10 Tage an die Bedingungen des Tierstalles (25°C; 60% rel. Luftfeuchte; Licht von 6 bis 18 Uhr) adaptiert. Das setzte voraus, daß sie mit einem entsprechend geringeren Anfangsgewicht geliefert werden mußten. Den Tieren stand handelsübliches Pelletfutter (Eggersmann, Rinteln) und Wasser ad libitum zur Verfügung. Während der Versuchsperiode nahmen die Tiere täglich durchschnittlich 26 g Futter und 33 ml Wasser auf (Tabelle 3).

Die Ratten befanden sich in Makrolon-Käfigen ($35 \times 20 \times 25$ cm). Einzelhaltung war erforderlich, um die Aufnahme der täglichen Milchzuckertablette sicherzustellen. Die Tabletten wurden von den Ratten selbständig aufgenommen.

Zu jedem Versuch gehörten eine unbehandelte Nullkontrolle (n = 6), eine Placebogruppe, die wirkstofffreie Milchzuckertabletten erhielt (n = 6), und Versuchsgruppen D 4 bis D 1000 (jeweils n = 6).

d) Narkose

Aufgrund der zur Gewinnung der Mastzellen erforderlichen Peritonealspülungen konnte keine intraperitoneale Narkotikumapplikation erfolgen. Daher wurde eine Ethernarkose in einem großen, mit einer dünnen Schicht Sägespäne beschickten Glasgefäß in ethergesättigter Atmosphäre durchgeführt. 60 Sekunden nach dem Einbringen zeigte sich das Versuchstier anaesthisch. Nach dem Entbluten durch Dekapitation erfolgten die Peritonealspülungen.

Tabelle 3. Futterzusammensetzung

Weizenkleie	34%
Weizen	11%
Mais	10%
Luzernegrünmehl	2%
Sojaschrot	10%
Fischmehl	10%
Bierhefe	2%
Weizenkeime	4%
Milchpulver	7%
Zucker	1%
Melasse	5%
Sojaöl	1%
Mineralstoffe und Spurenelemente	2%
Vitamine	1%

Zusatzstoffe je kg Mischfutter:

Vitamin A	15 000 I.E.
Vitamin D_3	600 I.E.
Vitamin E	150 mg
Vitamin K_3	10 mg
Vitamin C	200 mg
Vitamin B_1	30 mg
Vitamin B_2	40 mg
Vitamin B_6	30 mg
Vitamin B_{12}	40 µg
Ca-Pantothenat	50 mg
Nikotinsäureamid	90 mg
Cholinchlorid	1300 mg
Folsäure	5 mg
Inosit	5 mg
Biotin	150 µg

e) Gewinnung nicht-stimulierter Mastzellen durch Peritonealspülung

Folgende Maßnahmen sind unabdingbar, um zu verhindern, daß vorzeitig ein größerer Histamin-Verlust eintritt:
– Das Spülmedium muß einen pH-Wert von 7,0 haben. pH-Messungen der Peritonealflüssigkeit von gesunden Ratten zeigen neutrale pH-Werte.

- Es ist vorteilhaft, eine Temperatur des Spülmediums von 4 °C zu wählen (Decorti et al., 1986). Höhere Temperaturen des Spülmediums im Moment der Einbringung verringern die Anzahl vitaler Mastzellen.
- Intraperitoneale Applikationen sind nicht förderlich für die Gewinnung unstimulierter Mastzellen.
- Die Ethernarkose muß sehr schonend durchgeführt werden. Exzitationen der Ratten führen zu einer erhöhten Histamin-Freisetzung der Mastzellen.
- Alle Oberflächen, mit denen Mastzellen während der Präparation in Berührung kommen, müssen aus Polypropylen bestehen.

20 ml des Spülmediums wurden mit Hilfe einer 20 ml Polypropylenspritze mit 2 mm-Kanüle in die Peritonealhöhle eingebracht und 1 min dort belassen. Während dieser Zeit erfolgten sanfte Massagebewegungen. Die Temperatur des Spülmediums betrug 4 °C (Harisch and Kretschmer, 1987). Die Zusammensetzung war wie folgt: Pipes-Glucose-Heparin-Puffer (25 mM Pipes, 0,4 mM $MgCl_2$, 5 mM KCl, 5,6 mM Glucose, 1 mM $CaCl_2$, 200 U/ml Heparin-Na; pH 7,0).
Der gesamte Präparationsprozeß wurde bei 4 °C in Polypropylen-Röhrchen durchgeführt. Die Spülflüssigkeit, jeweils aus dem Peritoneum jeder einzelnen Ratte, wurde 5 min bei 400 × g zentrifugiert. Das Sediment wurde resuspendiert in 1 ml Pipes-Puffer (s.o.) und über 2 ml 22,5 % (w/v) Metrizamid (Yurt et al., 1977; Coutts et al., 1980) und 20 min bei 180 × g rezentrifugiert. Das resultierende Sediment wurde in 600 µl Pipes-Puffer resuspendiert und aliquotiert. Die durchschnittliche Konzentration von Mastzellen belief sich auf ca. $1,25 × 10^5$ vitale Mastzellen pro 50 µl Aliquot; das entspricht ungefähr $1,5 × 10^6 ± 90\,000$ Mastzellen für eine 250 g Wistar-Ratte (n = 10). Dies ist ungefähr ein Zehntel der gesamten Zellzahl der Peritoneal-Spülflüssigkeit.

Die Methode zur Anreicherung der Mastzellen wurde bei der Histaminum-hydrochloricum-Reihe folgendermaßen modifiziert: Die 1. Zentrifugation erfolgte 5 min bei 320 × g; die 2. Zentrifugation 20 min bei 250 × g. Das Pellet wurde danach in

240 µl Pipes-Puffer (pH 7,5) resuspendiert. Die Aliquotgröße betrug 40 µl, das entspricht ungefähr $2,5 \times 10^5$ MZ/Aliquot.

f) Inkubation

Die 50 µl Aliquote (bzw. 40 µl bei Histaminum-hydrochloricum-Reihe) wurden 0, 5, 20 und 40 min bei 37 °C inkubiert. Der Histamin-Release-Vorgang wurde beendet durch Zugabe von 150 µl (bzw. 160 µl) eiskalten Pipes-Puffer (White and Pearce, 1982).

g) Histamin-Bestimmung

Nach der Zentrifugation (3 min bei $400 \times g$; bei Histaminum-hydrochloricum-Reihe 5 min bei $250 \times g$) erfolgte im Überstand eine fluorometrische Histamin-Bestimmung (Anton and Sayre, 1969; Siraganian, 1974). 200 µl eiskalte 0,4 M $HClO_4$ wurden danach zum Präzipitat gegeben. Danach wurde auch hier die Histamin-Menge bestimmt. Gesamt-Histamin entspricht der Summe aus freigesetztem und nicht freigesetztem Histamin. Der Anteil des freigesetzten Histamins wird in Prozent, bezogen auf den Gesamt-Histamin-Gehalt, angegeben (Atkinson et al., 1979; Heiman and Crews, 1985).

h) Statistik

Es erfolgte jeweils ein Vergleich zeitgleicher Werte von Nullkontrolle und den einzelnen Wirkstoffgruppen mit Hilfe des t-Testes nach Student: * $p < 0,05$; ** $p < 0,01$; *** $p < 0,001$. Bei der Histaminum-hydrochloricum-Versuchsreihe wurden die Placebo- und die einzelnen Wirkstoffgruppen mittels Student-Newman-Keuls-Test verglichen: * $p < 0,05$; ** $p < 0,01$.

i) Notabene

— Der Histamin-Release wird angegeben in % freigesetzten Histamins, bezogen auf Gesamt-Histamin. Bei korrekter Einhaltung der beschriebenen Inkubationsbedingungen und

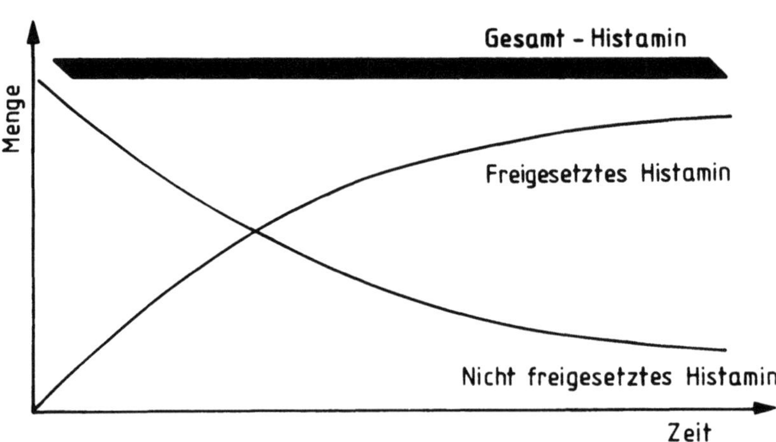

Abb. 1. Charakteristik der Histamin-Freisetzung aus Peritonealmastzellen in Abhängigkeit von der Inkubationszeit (aus: Experientia (1988) 44:761–762; mit freundlicher Genehmigung des Birkhäuser Verlages, Basel)

Aliquotierung verhält sich die Menge des zu einem bestimmten Inkubationszeitpunkt freigesetzten Histamins zu der des in den Mastzellen noch verbliebenen Histamins entsprechend der in Abb. 1 dargestellten Charakteristik. Zu jedem Inkubationszeitpunkt t addieren sich die beiden Histamin-Mengen zum Gesamt-Histamin.

— Bei den Mastzellen dieser Versuchsreihen handelte es sich um nicht-stimulierte Mastzellen. Das bedeutet nicht, daß die Mastzellen frei von IgE waren, sondern vielmehr, daß zum Aliquot kein spezieller Releaser hinzugefügt wurde.

Daraus ergibt sich, daß eine Subtraktion des Spontan-Release nicht sinnvoll ist und die Werte für den Histamin-Release entsprechend nicht korrigiert wurden. Die Unterschiede im Release-Verhalten bei konstanten Inkubationsbedingungen sind eine Folge der Vorbehandlung der Tiere. Die induzierten Unterschiede sind in den nachfolgend beschriebenen Meßreihen als Parameter verwendet worden, um die Effekte der jeweils applizierten Potenzen zu bewerten, und zwar im Vergleich zu Nullkontrolle bzw. Placebogruppen.

1.3 Ergebnisse

1.3.1 Zinkchlorid und Zinkorotat

Ausgangspunkt der Versuche zur Beeinflussung des Histamin-Release aus Mastzellen war die Beobachtung, daß die Anwesenheit von Zinkionen während der Präparation von Mastzellen das Release-Verhalten in charakteristischer Weise beeinflußt. Es zeigte sich, daß sehr kleine und relativ große Zinkmengen im Inkubationspuffer den Mastzellstoffwechsel im Sinne einer Steigerung des Histamin-Release zu beeinflussen vermochten. Mittlere Zinkkonzentrationen bewirkten dagegen, verglichen mit der zinkfreien Nullkontrolle, eine geringere Histamin-Freisetzung (Harisch und Kretschmer, 1987).

Dieser Effekt kann als *nicht-linearer Einfluß von Zinkionen* auf den Histamin-Release aus peritonealen Mastzellen beschrieben werden, der bei Verwendung von Zinkchlorid und Zinkorotat gefunden wurde, mit geringen Unterschieden in den Werten für den Histamin-Release bei gleichen Zinkionenkonzentrationen (Abb. 2−5). Der Befund, daß sehr kleine Zinkmengen im Sinne der hier untersuchten Parameter noch effektiv sind, gab den Anstoß für den Einsatz noch kleinerer, hier homöopathisch aufbereiteter Zinkmengen.

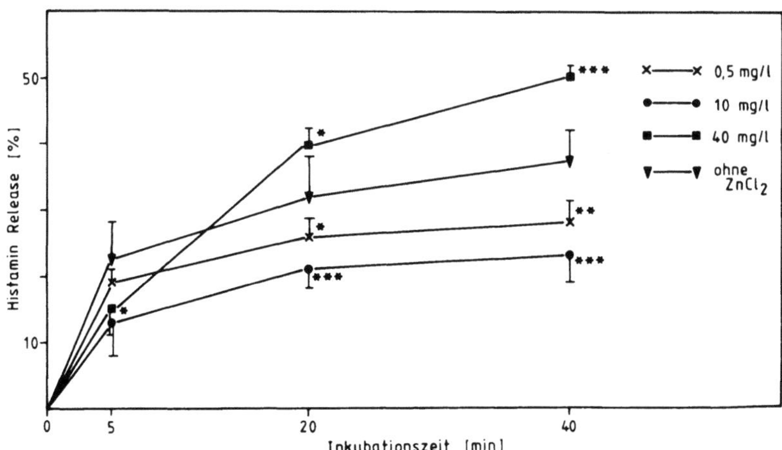

Abb. 2. Zeitabhängiger Histamin-Release aus Peritonealmastzellen der Ratte bei unterschiedlichen ZnCl₂-Konzentrationen (zu 1.3.1)

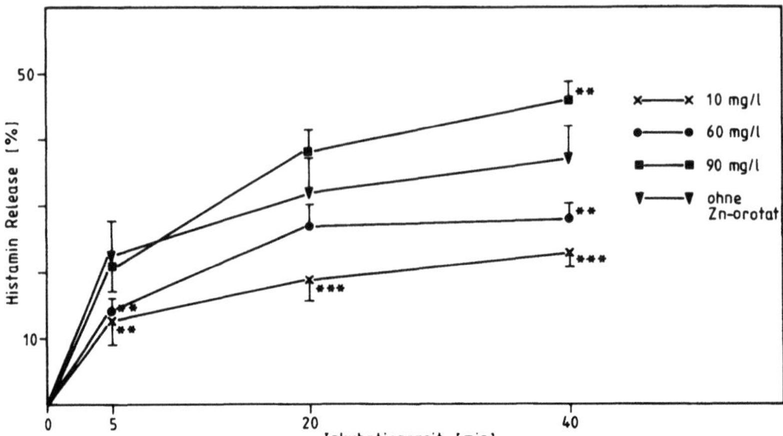

Abb. 3. Zeitabhängiger Histamin-Release aus Peritonealmastzellen der Ratte bei unterschiedlichen Zn-orotat-Konzentrationen (zu 1.3.1)

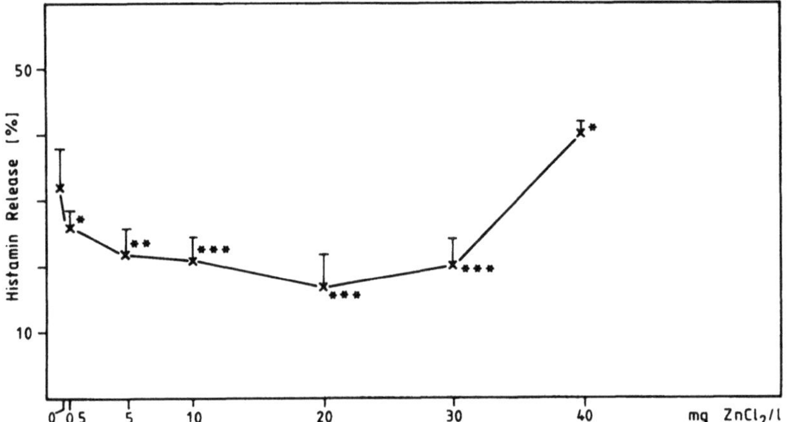

Abb. 4. Einfluß unterschiedlicher $ZnCl_2$-Konzentrationen auf den Histamin-Release aus Peritonealmastzellen der Ratte nach 20minütiger Inkubation (zu 1.3.1)

1.3.2 Zincum metallicum

Eine siebenmalige orale Applikation von Zincum-Potenzen an männliche Wistar-Ratten erbrachte für D 4 und D 6, verglichen mit der Nullkontrolle, hochsignifikante Steigerungen des Histamin-Release (Abb. 6).

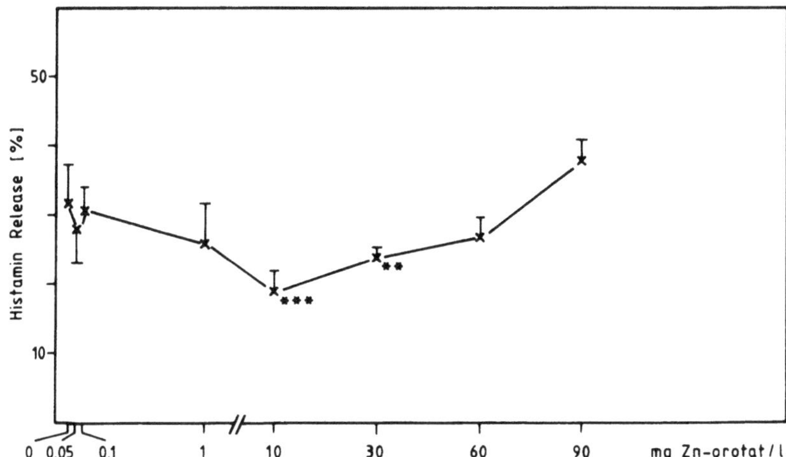

Abb. 5. Einfluß unterschiedlicher Zn-orotat-Konzentrationen auf den Histamin-Release aus Peritonealmastzellen der Ratte nach 20minütiger Inkubation (zu 1.3.1)

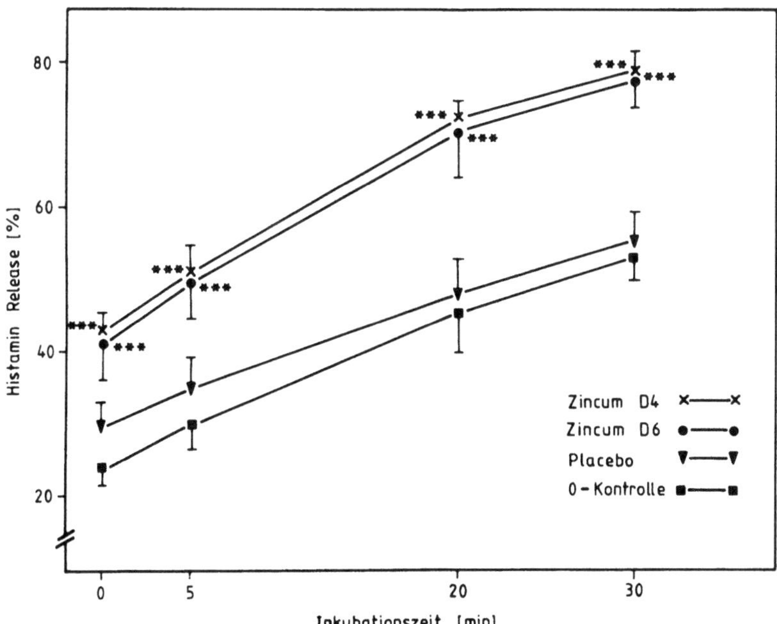

Abb. 6. Histamin-Release aus Peritonealmastzellen − Zincum metallicum p.o. (zu 1.3.2; aus: s. Legende zu Abb. 1)

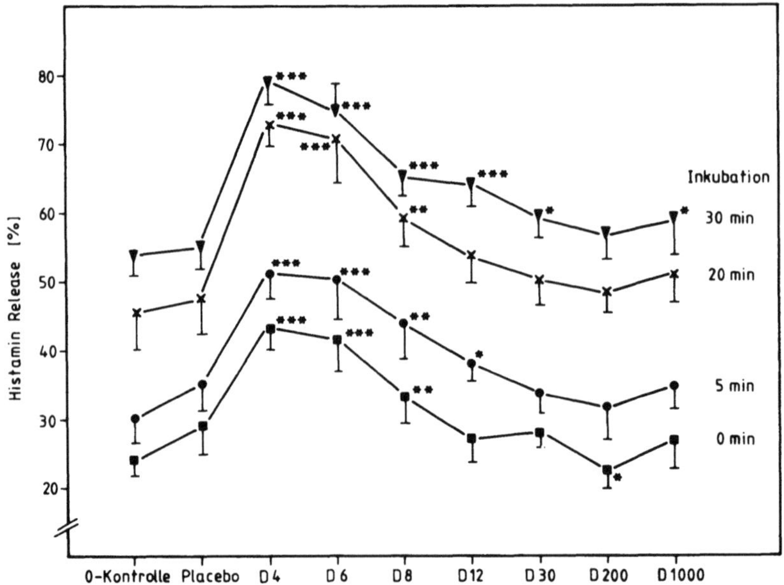

Abb. 7. Histamin-Release aus Peritonealmastzellen − Zincum metallicum p.o. (zu 1.3.2)

Nach Gabe von D 8-Potenzen fiel der Effekt geringer aus und lag nach Vorbehandlung mit Zincum D 12 etwa im Bereich der Placebogruppe. Der Release zum Inkubationszeitpunkt 30 Minuten blieb jedoch, mit Ausnahme der D 200, bei allen Potenzen über dem entsprechenden Placebowert (Abb. 7). Mit sieben Einzelgaben Zincum D 4 werden der Ratte insgesamt 0,175 mg Zink zugeführt, mit sieben D 6-Einzeldosen 1,75 µg. Vor dem Hintergrund einer täglichen Aufnahme von etwa 1,3 mg Zink mit dem Futter erscheinen diese Mengen sehr gering, und es verschließt sich dem naturwissenschaftlichen Denken zunächst noch, wie die beschriebenen Effekte zustandekommen. Auch die vorliegende Arbeit kann darauf keine Antwort geben. Es wird hier jedoch eine der zukünftigen Aufgaben der einschlägigen biochemischen Forschung deutlich: zu untersuchen, welcher Art die Einflußnahme geringster Mengen eines bestimmten Stoffes sein kann, auch bei gleichzeitiger Anwesenheit weit größerer Mengen desselben Stoffes.

1.3.3 Calcium carbonicum, Silicea, Sulfur

Für $CaCO_3$- und SiO_2-Potenzen ergab sich ein relativ ähnliches Wirkungsprofil. In beiden Fällen verursachten sieben orale Einzelgaben der D 6-Präparation die höchste Histaminliberation; der Effekt von sieben D 12-Gaben fiel deutlich geringer aus. Nach Applikation von D 200 war das Niveau der Nullkontrolle und des Placebos etwa erreicht (Abb. 8, 9).

Bei Verabreichung von Sulfur ergab sich ein anderes Wirkungsprofil. Der Effekt maximaler Freisetzung wurde mit sieben Einzelgaben von Sulfur D 12 erreicht (Abb. 10).

Es fällt auf, daß − von Tendenzen abgesehen − mit diesen Präparaten nur Effekte in Richtung einer Release-Steigerung zu erzielen waren, nicht aber Effekte hinsichtlich einer verringerten Freisetzung des Mediatorstoffes Histamin.

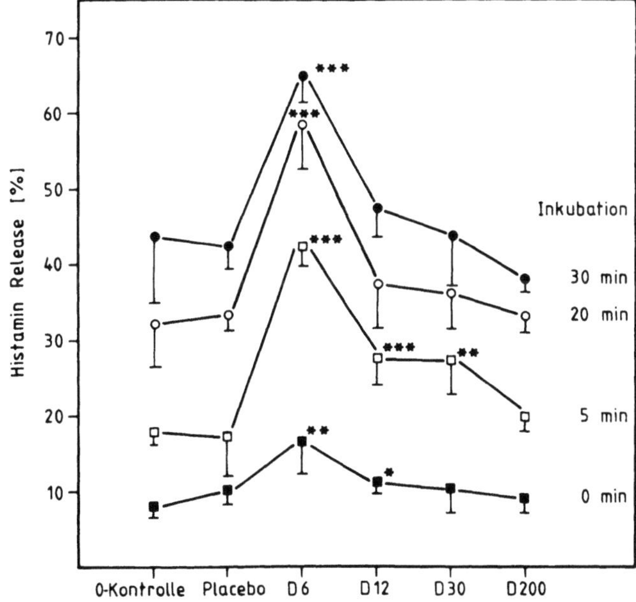

Abb. 8. Histamin-Release aus Peritonealmastzellen − Calcium carbonicum p.o. (zu 1.3.3)

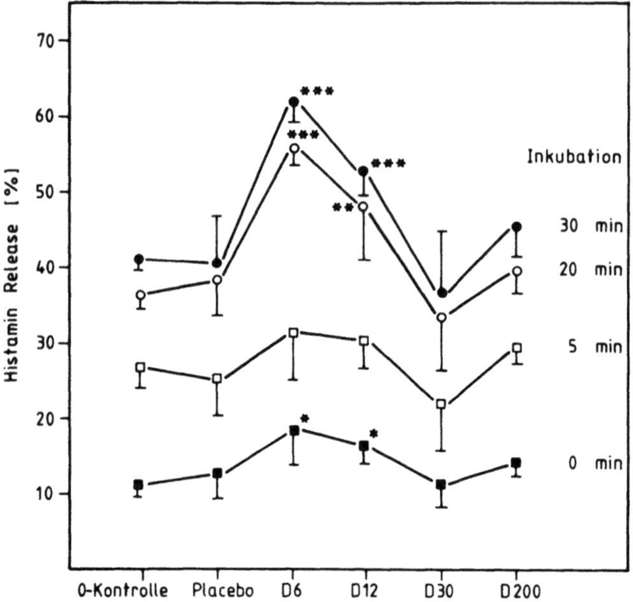

Abb. 9. Histamin-Release aus Peritonealmastzellen − Silicea p.o. (zu 1.3.3)

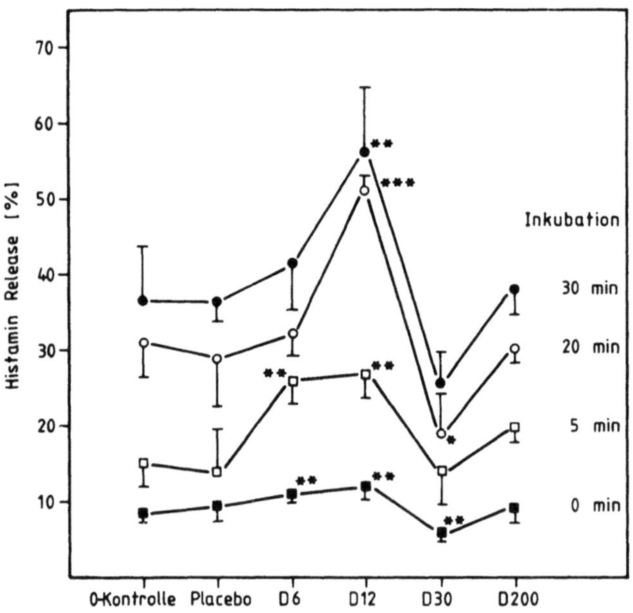

Abb. 10. Histamin-Release aus Peritonealmastzellen − Sulfur p.o. (zu 1.3.3)

1.3.4 Phosphorus

Bei der Untersuchung des Effektes von Phosphorus konnten erst Potenzen ab D 10 eingesetzt werden. Hierbei zeigte sich, daß Wirkungen erst bei Applikationen höherer Potenzen auftreten (Abb. 11−13).

Im Rahmen dieser Dokumentation werden zuweilen Effekte von Präparaten aufgezeigt, deren „Wirkstoff-Konzentration" jenseits der Loschmidtschen Zahl liegt. Solche Effekte werden unabhängig von der zugrunde liegenden rechenbaren Quantität und der daraus sich ergebenden Problematik behandelt.

An dieser Stelle sei jedoch der Hinweis angebracht, daß für die Weiteruntersuchung von Hochpotenzwirkungen möglicherweise eine andere Parameterwahl getroffen werden muß.

Ohnehin werden in dieser Arbeit nur Wirkungen im Funktionssystem des Organismus beschrieben. Die Erforschung der medikamentellen, strukturellen oder informatorischen Eigenheit homöopathischer Präparationen gehört in ein anderes Fachgebiet, z.B. in das der Physik. Insofern werden die Fach-

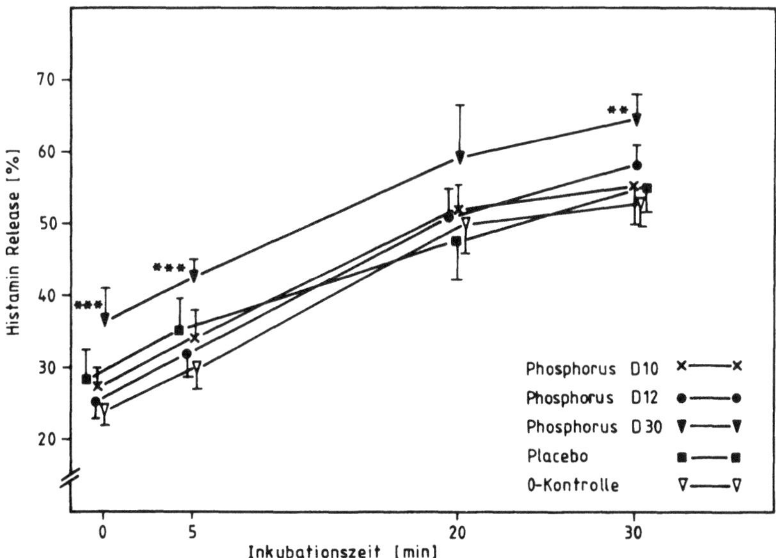

Abb. 11. Histamin-Release aus Peritonealmastzellen − Phosphorus p.o. (zu 1.3.4; aus: Therapeutikon (1988) 2:188−194; mit freundlicher Genehmigung des Braun Verlages, Karlsruhe)

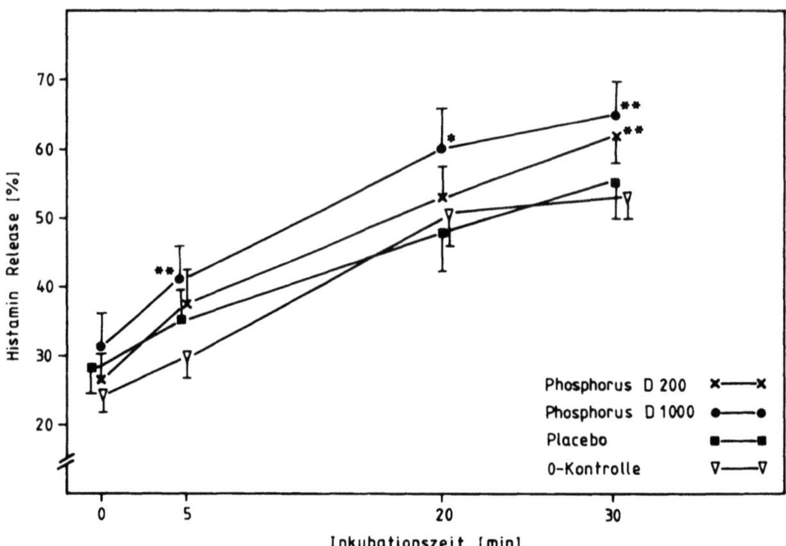

Abb. 12. Histamin-Release aus Peritonealmastzellen − Phosphorus p.o. (zu 1.3.4)

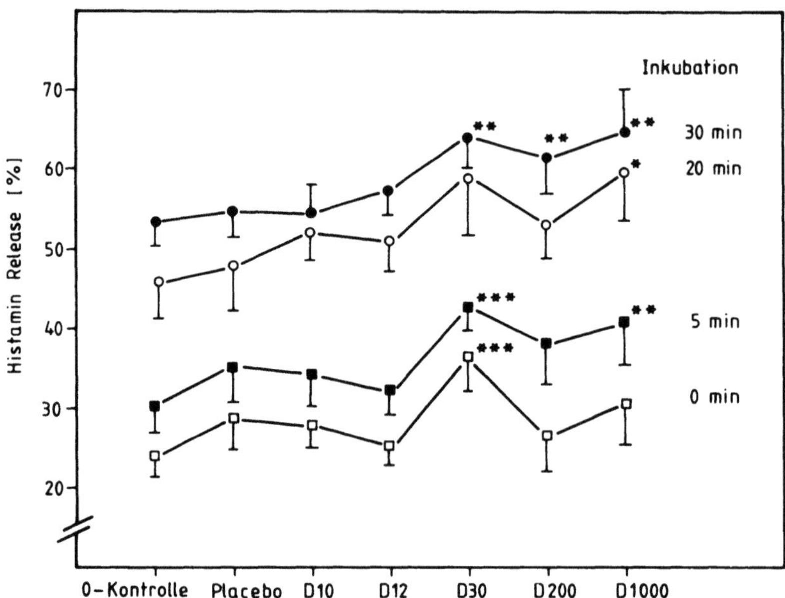

Abb. 13. Histamin-Release aus Peritonealmastzellen − Phosphorus p.o. (zu 1.3.4)

gebietsgrenzen hier bewußt nicht überschritten. Denn diese Arbeit ist in keinem Teil ein Erklärungsversuch für die Wirkungsentfaltung homöopathischer Potenzen, sie soll vielmehr erforschbare Bereiche aufzeigen und so interessierten Kollegen eine Möglichkeit zur *eigenen* Weiterentwicklung auf der Grundlage des Dargestellten bieten.

1.3.5 Histaminum hydrochloricum

Einer der wesentlichen Inhaltsstoffe der Mastzellen ist Histamin. Es erschien daher äußerst interessant, Histamin in homöopathischer Verdünnung Tieren zu verabreichen und eventuelle Einflüsse auf den Histamin-Release zu untersuchen. Die diesbezüglichen Serien wurden im Dezember durchgeführt und mit derselben Versuchsanstellung im Februar reproduziert. Beide Versuche stimmten in allen wesentlichen Ergebnisse überein. Saisonal begründete Unterschiede ergaben sich nicht.

Verglichen mit Placebo und Nullkontrolle, verursachten sieben Einzelgaben von Histaminum D 4 eine hochsignifikante Steigerung der Histaminfreisetzung aus peritonealen Mastzellen der Ratte. Mit Histaminum D 8- bzw. D 12-Gaben wurde wieder ein Niveau erreicht, das im Bereich der Placebowerte oder sogar darunter angesiedelt ist.

Nach sieben Einzelapplikationen von D 30, D 200 oder D 1000 wurden, mit je einer Ausnahme bei D 30, Werte im Bereich der Nullkontrolle und Placebogruppe erhalten (Abb. 14, 15).

1.3.6 Cromoglicinsäure

Zur Überprüfung der Reaktivität des Systems Mastzelle wurden drei Konzentrationen der Substanz Dinatriumcromoglicinsäure (DNCG) eingesetzt. Diese Substanz führte zu einer Verringerung der Histaminfreisetzung aus Mastzellen. Es stellte sich heraus, daß sieben Einzelgaben von 0,01 mg DNCG, aufgebracht auf Milchzuckertabletten, geringfügig wirksamer waren als sieben Einzelgaben von 1,0 mg. Letzteres ist ein in diesem Zusam-

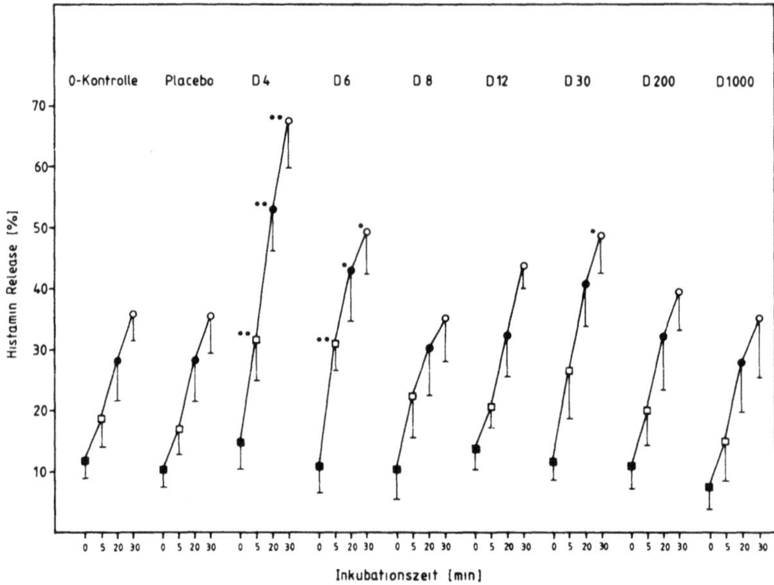

Abb. 14. Histamin-Release aus Peritonealmastzellen − Histamin hydrochloricum (1. Testreihe) p.o. (zu 1.3.5)

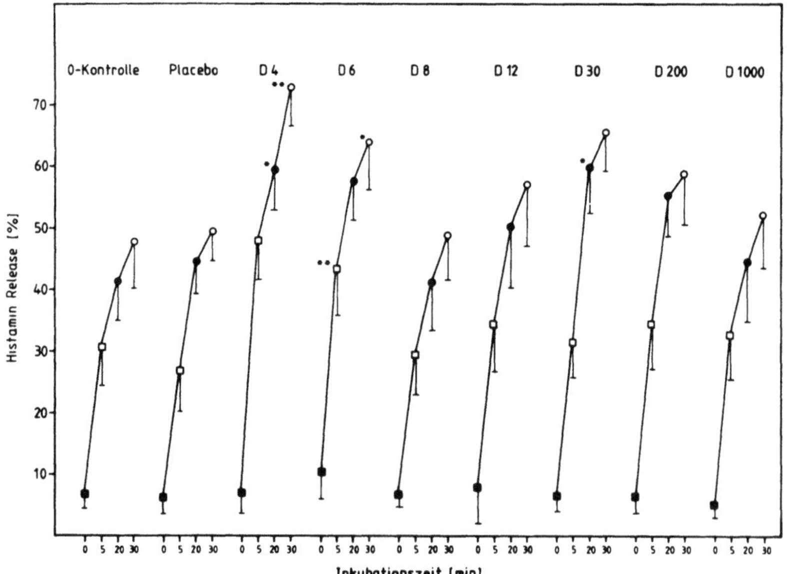

Abb. 15. Histamin-Release aus Peritonealmastzellen − Histaminum hydrochloricum (2. Testreihe) p.o. (zu 1.3.5)

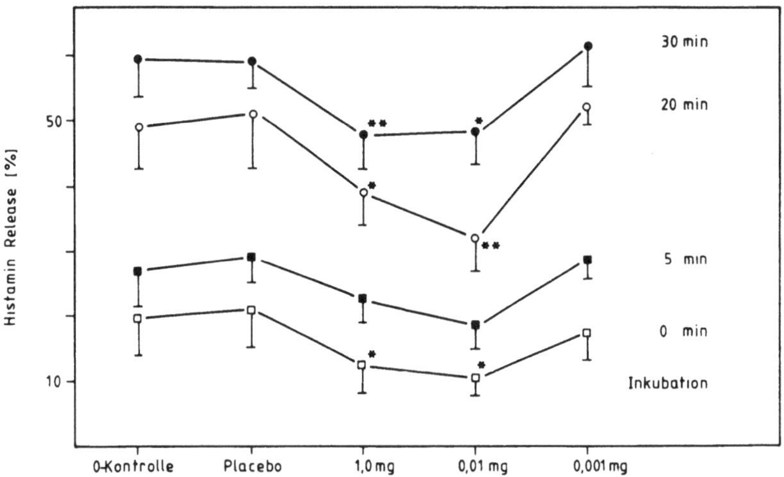

Abb. 16. Histamin-Release aus Peritonealmastzellen − Dinatriumcromoglicinsäure (DNCG) p.o. (zu 1.3.6)

menhang unerwartetes Ergebnis, fügt sich aber gut in das Denkgebäude der Wirkungsentfaltung kleinster Dosen ein.

Sieben Einzelapplikationen von 0,001 mg DNCG erwiesen sich im untersuchten System als wirkungslos (Abb. 16).

1.4 Wertung

Nicht stimulierte Peritonealmastzellen der Ratte geben unter Inkubationsbedingungen *ohne Zugabe eines Releasers* eine bestimmte Menge des in ihnen enthaltenen Histamins ab. Die Menge des auf diese Weise freigesetzten Histamins und auch anderer Stoffe, die hier nicht erfaßt wurden, ist durch die Vorbehandlung der Tiere mit oralen Gaben diverser Homöopathika beeinflußbar. Sie dient daher als ein Parameter für die Effektentfaltung dieser Homöopathika.

Die Verabreichung der zu untersuchenden Stoffe erfolgte, wie erwähnt, nur oral, da eine mehrmalige intraperitoneale Applikation zur Verunreinigung der Peritonealspülflüssigkeit mit unerwünschten Blutbestandteilen und aufgrund der wiederholten starken Exzitation der Tiere zu größerer Verfälschung der Werte führen kann.

Die erhaltenen Effekte zeigen ausschließlich eine Steigerung der Histaminfreisetzung.

Bei Zincum metallicum wurde der Histamin-Release durch die Potenzen D 4 und D 6 besonders deutlich verstärkt, während Potenzen von D 30 und D 1000 das System Mastzelle nicht beeinflußten.

Eine sehr ähnliche Charakteristik hinsichtlich der Einflußnahme war für Calcium carbonicum, Sulfur und Silicea nachweisbar: niedrige Potenzen verstärkten den Histamin-Release, hohe Potenzen dieser Substanzen bewirkten wenig. Es gelangte hier keine D 4-Potenz zum Einsatz, die möglicherweise bei Calcium carbonicum und Silicea − ähnlich wie bei Zincum − einen größeren Effekt verursacht hätte als die D 6-Gaben. Dies ist nicht für Sulfur zu erwarten, da dort die größte Wirkung nach D 12-Gaben auftrat.

Diese Ergebnisse wurden mit metallischen bzw. mineralischen, also anorganischen Präparationen erhalten. Ihr Einsatz war aufgrund bereits bekannter Zusammenhänge äußerst sinnvoll (s. auch 1.1).

Bei Phosphorus erhaben sich erhöhte Histamin-Freisetzungsraten ab D 30. Der Effekt niedrigerer Potenzen als D 10 konnte mangels Verfügbarkeit nicht überprüft werden.

Bei einer kybernetischen Betrachtungsweise der gesamtorganismischen Wirkungsentfaltung des Mastzelleninhaltsstoffes Histamin erschien der Einsatz potenzierten Histamins sinnvoll.

Es wurde dabei ein Wirkungsmaximum nach Einzelgaben von Histaminum D 4 erkannt. Eine weitere, geringgradige Erhöhung des Release wurde nach Einzelgaben von D 30 festgestellt.

Alle hier beschriebenen Effekte sind von gleicher Qualität: es wurde stets ein erhöhter Histamin-Release gefunden. Dieses Ergebnis war unerwartet. Demgegenüber war bei zwei Cromoglicinsäure-Dosierungen ein Abdichteffekt meßbar.

Da die Autoren sich in dieser Phase der Untersuchungen aller Spekulationen über das Zustandekommen der beschriebenen Effekte enthalten möchten, bleibt dieses Gesamtergebnis unkommentiert.

Es soll jedoch darauf hingewiesen werden, daß das hier einheitlich zur Anwendung gelangte Behandlungsschema einer siebenmaligen Applikation von Einzeldosen Qualität und Quantität der Einzeleffekte beeinflussen dürfte, d.h. daß weniger als sieben oder mehr als sieben Einzelgaben einer bestimmten Potenz einen anderen Effekt verursachen können.

Alle auf dieser Stufe der Erkenntnis auftauchenden Fragen waren zu Beginn der Untersuchungen nicht bekannt. Sie konnten daher bei der Konzipierung der Experimente nicht berücksichtigt werden. Sie müssen in mittelfristigen Folgeuntersuchungen geklärt werden.

Unter gewissen Umständen ist es denkbar, daß einige der hier nach sieben Einzelgaben zustande gekommenen Effekte als zelluläre Entsprechung der in den Fallbeschreibungen als „Erstverschlimmerung" bezeichneten Symptomatik anzusehen sind.

Es erscheint aufgrund der hier und an anderen Stellen des Buches präsentierten Ergebnisse klar, daß zur Erzielung eines bestimmten Effektes nur eine bestimmte Potenz eines Mittels befähigt ist. Eine Kombination von Einzelmitteln oder von mehreren Potenzen eines Mittels kann nur in Kenntnis aller Einzeleffekte – die zudem noch organspezifisch unterschiedlich sein dürften – erfolgen.

In Zusammenhang mit den Mastzell-Ergebnissen soll der Hinweis nicht unterbleiben, daß inzwischen Hinweise auf unterschiedliche Effekte zwischen Potenz und gleich konzentrierter, aber unpotenzierter Verdünnung vorliegen, die jedoch erst einer weiteren Überprüfung unterzogen werden müssen.

2 Lysosomen

2.1 Literaturauswahl

Allgemeines

Lysosomen entstammen dem Endoplasmatischen Retikulum (ER) und dem Golgi-Komplex. Sie enthalten Hydrolasen, die in der Lage sind, biologische Makromoleküle – Lipide, Kohlenhydrate, Proteine oder Proteide – zu verdauen. Die Einfachmembran des Lysosoms umschließt ein Gebilde von etwa 0,5 μm Durchmesser. Für alle lysosomalen Hydrolasen gilt, daß ihr Wirkungsoptimum etwa bei pH 5,0 liegt. Neben einer Reihe anderer Hydrolasen wurden bisher zahlreiche Phosphatasen, Proteasen, Lipasen und Glycosidasen identifiziert und teilweise auch proteinsequenziert.

Lysosomale Enzyme werden im rauhen ER synthetisiert, mit einer vorläufigen Membran umschlossen und zum Golgi-Komplex transportiert. Der Vorgang der Entstehung ist jedoch noch umstritten. Eine Alternative sieht vor, daß Lysosomen ausschließlich im sogenannten „GERL" (= *G*olgi-associated *ER* that produces *l*ysosomes)-Bereich entstehen.

Alle für Lysosomen bestimmten Enzyme werden im ER mit Oligosaccharidketten markiert. Als Adressenmerkmal dient dabei ein Mannose-6- phosphat, welches das betreffende Glycoproteid eindeutig als „lysosomal" einstuft.

Ein voll ausgestattetes, jedoch im Sinne der Zellverdauung nicht tätiges Lysosom wird als *primär* bezeichnet. Zu verdauende Komplexe werden in das Lysosom aufgenommen, welches dann *sekundär* genannt wird.

Zur Befruchtung der Eizelle werden aus dem Spermienkopf lysosomale Enzyme freigesetzt — dies entspricht einer Exozytose —, die den Spermien die Penetration ermöglichen. Bei gewissen pathologischen Prozessen, wie etwa der rheumatoiden Arthritis, scheint es ebenfalls zur Exozytose lysosomaler Enzyme zu kommen, was entsprechende Folgen nach sich zieht.

Auch das Gegenteil einer unerwünschten Wirkungsentfaltung lysosomaler Hydrolasen ist beschrieben worden: Bei gewissen Speicherkrankheiten nehmen Lysosomen große Mengen an Lipiden oder Polysacchariden auf, wodurch die Funktion dieser Partikel eingeschränkt wird. In solchen Fällen fehlen anscheinend ein oder mehrere lysosomale Enzyme oder sind infolge unkorrekter „Adressierung" gar nicht erst zum Lysosom gelangt. Glykogenose vom Typ II ist durch einen Mangel der lysosomalen α-Glucosidase bedingt. Bei der Tay-Sachs-Krankheit werden im Gehirn große Mengen Gangliosid G_{M2} abgelagert. Das fehlende lysosomale Enzym ist N-Acylhexosaminidase, welches den terminalen N-Acetyl-D-Galactosamin-Rest aus dem Kohlenhydratanteil des Gangliosids abspaltet und das Gangliosid G_{M3} bildet.

Lysosomale Lipasen, Phosphatasen und Sulfatesterasen sollen hier nur am Rande Erwähnung finden. Das Hauptaugenmerk wird auf lysosomale Glycosidasen und Peptidasen gerichtet sein.

Lysosomale Glycosidasen

Die große Mehrheit intermediärer Enzyme, welche die Hydrolyse von glykosidischen Bindungen katalysieren, sind lysosomal und stellen das Hauptkontingent *aller* lysosomalen Enzyme dar (Conchie et al., 1967a und 1967b). Die Analyse dieser Enzyme ist seit der Einführung der artifiziellen Substrate vom Typ der 4-Methylumbelliferylderivate einfacher geworden. Hyaluronidase (EC 3.2.1.35) spaltet β (1 → 4)-glykosidische-Bindungen in Hyaluronsäure, Chondroitinsulfat und Dermatansulfat. Das Enzym führt zur „Auflockerung" von Bindegewebsstrukturen und kann daher benutzt werden, um kutane Permeation ansonsten wenig permeabler Stoffe zu erleichtern. Ihr pH-Optimum liegt etwa bei pH 4,0 (Buddecke und Platt, 1965; Barrett and Heath, 1977, pp. 22–28). β-D-Galactosidase (EC 3.2.1.23) ist trotz weitgehend identischer katalytischer Eigenschaften organspezifisch heterogen. Ihr Molekulargewicht schwankt zwischen 127 kDa (Rattenleber) und 43 kDa (Rinderleber). Ihre natürliche Funktion ist die Hydrolyse terminaler, nicht reduzierender β-D-Galactose-Reste in β-D-Galactosiden. Daher wird auch Lactose gespalten. Das Enzym ist wahrscheinlich auch in der Lage, β-D-Galactose enthaltende Glycoproteide, Keratansulfat und Chondroitinsulfat zu verstoffwechseln.

N-Acetyl-β-D-Glucosaminidase (EC 3.2.1.30) spaltet terminale, nicht reduzierende 2-Acetamido-2-desoxy-β-D-glucose-Reste in Glycoproteiden. Das Enzym konnte in nahezu allen Organen nachgewiesen werden. Einige Organe enthalten diese Enzymaktivität in lysosomaler und in extralysosomaler Kompartmentierung (Frohwein and Gatt, 1967; Bohley, 1987). N-Acetylgalactosaminolaton ist ein potenter Inhibitor (Robinson and Stirling, 1968; Barrett and Heath, 1977, pp. 81–83).

β-D-Xylosidase (EC 3.2.1.37) spaltet 1,4-β-D-Xylane, wobei sukzessive D-Xylose-Reste vom nicht reduzierenden Ende des zu spaltenden Moleküls abgeschnitten werden. Kompetitiver Inhibitor ist z.B. Phenyl-β-D-glucopyranosid (Kersters et al., 1969). Dieses Enzym wird aufgrund neuerer Untersuchungen als eine Nebenaktivität der β-D-Glucosidase (EC 3.2.1.21) angesehen (Barrett and Heath, 1977, pp. 71–73).

Der Abbau eines spezifischen Proteins verläuft entweder intralysosomal, extralysosomal oder als Kombination beider Möglichkeiten (Wildenthal and Wakeland, 1985). Hinsichtlich der extraintestinalen Proteolyse muß zwischen *lysosomalen* und *nicht-lysosomalen* Proteasen unterschieden werden (Etlinger et al., 1985). Eine Unterscheidung der beiden Proteasegruppen ist möglich, weil die nicht-lysosomale, im Gegensatz zur lysosomalen, Proteolyse ATP erfordert (Hershko and Ciechanover, 1982).

Neben den ATP-abhängigen nicht-lysosomalen Proteasen gibt es Ca^{2+}- (De Martino, 1981) und von anderen Metallionen (z.B. Zink) abhängige Enzyme (Kenny et al., 1985).

Eine Aufgabe der nicht lysosomalen Proteolyse könnte in der Beseitigung „kurzlebiger" oder „unphysiologischer" Proteine begründet sein. An der Regulation dieser nicht-lysosomalen Proteasen ist als spezifischer Inhibitor Ubiquitin beteiligt.

Eine andere Erklärung geht davon aus, daß extralysosomale Proteasen nur zu einer limitierten Proteolyse fähig sind, die allerdings eine spezifisch regulatorische Funktion erfüllen dürfte, während lysosomale Proteasen eine vollständige Proteolyse bewerkstelligen.

Lysosomale Proteasen

Lysosomale Proteasen sind seit längerer Zeit bekannt. Dazu gehören Cystein-Proteinasen (Thiol-Proteinasen), die einen etwa drei- bis viermal höheren Protein-Turnover als intestinale Verdauungsenzyme bewirken. Ein großer Teil dieser Aktivität stammt vom Kathepsin L (Garlick, 1980; Kirschke and Barrett, 1985). Der Bereich der optimalen Wirksamkeit liegt zwischen pH 5 und 7. Die gleichfalls lysosomale Aspartat-Proteinase hat ihr pH-Optimum unter 5. Die Kathepsine B, H und L aus Rattenleber bestehen aus zwei ungleichen Polypeptid-Ketten und sind Glykoproteine (Turk et al., 1983 und 1984). Wie alle Cystein-Proteinasen muß die essentielle SH-Gruppe des aktiven Zentrums zur Entfaltung maximaler katalytischer Aktivität vollständig reduziert sein.

Die intralysosomale Konzentration von Kathepsin B und D ist größer als die von Kathepsin L, die proteolytische Aktivität des Kathepsin L ist jedoch beträchtlich höher als die der beiden anderen (Dean and Barrett, 1976). Kathepsin L ist in der Lage, eine ganze Reihe intralysosomaler und zellulärer Proteine, darunter Kollagen, zu spalten.

In Säugetierzellen kommen wenigstens zwei unterschiedliche natürliche Protease-Inhibitoren vor, mit denen ein Schutz gegen unerwünschte Proteolyse erreicht wird (Katunama and Keminami, 1985) und die als endogene Regulatoren der lysosomalen Protease fungieren. Diese Inhibitoren sind zytoplasmatische Proteine (Rohrlich et al., 1985).

Die intrazelluläre Lokalisation der lysosomalen Proteasen mit Hilfe histochemischer Methoden zeigt für die wichtigsten Kathepsine (L, B und H) der Leber ein charakteristisches Verteilungsschema: der B-Typ findet sich vorwiegend in Sinusoidalzellen, der H-Typ ist an der Peripherie der einzelnen Hepatozyten angeordnet, und der L-Typ findet sich eher in Hepatozyten (weniger in Sinusoidalzellen) und zwar in zentrilobulärer Anordnung. Daraus ergeben sich Hinweise auf unterschiedliche Bedeutungen für den Abbau endo- und exogener Peptide. Besonders für Kathepsin L wird die Beziehung zwischen Lokalisation und Funktion deutlich. Was die Verteilung der beiden Protease-Inhibitoren anbetrifft, so ist bisher noch keine eindeutige Zuordnung möglich gewesen (Kominani et al., 1982). Periphere Blutzellen, besonders Neutrophile, enthalten vorwiegend den Inhibitor vom α-Typ, Leber und Niere den β-Inhibitortyp und Zunge, Ösophagus und Magen etwa gleiche Mengen beider Inhibitoren.

Protease-Inhibitoren können hinsichtlich ihres Molekulargewichtes zwei Kategorien zugeordnet werden, und zwar mit hohem bzw. niedrigem Molekulargewicht. Vier Inhibitoren mit niedrigem Molekulargewicht sind strukturaufgeklärt, nämlich Stefin in polymorphkernigen Leukozyten, Cystatin im Serum von Patienten mit Autoimmunkrankheiten, Rattenleber TPI und Rattenhaut TPI (Turk et al., 1983; Turk et al., 1984; Katunuma et al., 1983; Takio et al., 1984).

Nicht-lysosomale Proteasen

Die mikrovilläre Membran der Niere enthält sehr viele Hydrolasen, die Peptid-, Ester- oder glykosidische Bindungen spalten können. Die Peptidasen sind neutrale Ektoenzyme. Zusätzlich existiert auch ein Metallenzym, die zinkabhängige Endopeptidase 24.11. Weitere zinkabhängige Metallo-Peptidasen der Mikrovillarmembran der Niere sind Aminopeptidase N und Peptidyldipeptidase (Kenny et al., 1985). Die Dipeptidase hat Beziehungen zum Stoffwechsel der Enkephaline (Marks et al., 1985).

Obwohl die Identifizierung und Charakterisierung der einzelnen intrazellulären − lysosomalen und nicht-lysosomalen − Proteasen inzwischen weit fortgeschritten ist und ihre mehr oder weniger spezifischen endogenen Inhibitoren erkannt sind, kann die im Organismus herrschende topologische Vielfalt des Protein-Turnover nicht annähernd synoptisch erklärt werden. Das Erkennen der abzubauenden Proteine darf aber nicht dem Zufall überlassen, sondern muß im Gegenteil streng reguliert sein. Über die Art und Weise dieser Regulation gibt es bisher noch keine umfassende Vorstellung. Möglich ist eine Inaktivierung über misch-funktionelle Oxidasen (Herrath und Holzer, 1985), was z.B. bei Fructose-1,6-bisphosphatase zum Verlust der katalytischen Fähigkeiten führt; oder die Veränderung oder Attackierung eines spezifischen Proteins durch Radikale, vorwiegend Sauerstoffradikale (Dean et al., 1985), wie es z.B. bei der Superoxid-Dismutase der Fall ist.

Auch für Lysosomen sind solche Vorgänge von Bedeutung, was aus der Tatsache abzulesen ist, daß eine lysosomale Cu-Zn-Superoxid-Dismutase vorhanden ist (Geller and Winge, 1982).

Die Veränderung der essentiellen SH-Funktion von Proteasen im Sinne der Oxidation (ESSE) oder der Bildung von gemischten Disulfiden (ESSX) führt zur Beeinflussung der katalytischen Fähigkeit (McKay and Bond, 1985). GSSG wirkt als einer der Regulatoren solcher Thiolenzyme, deren Aktivität bei einem Überschuß von GSSG (oxidative Stoffwechsellage) absinkt, bei einem Überschuß von GSH (anabole Stoffwechsellage) sich wieder normalisiert (Gilbert, 1982). Es ist damit folgerichtig, wenn das aktuelle endogene Verhältnis aus GSH und GSSG als Modulator der Aktivität von Thiolenzym angesprochen wird (Schole, 1978).

Es muß jedoch beachtet werden, daß zufällige Korrelationen zwischen Proteolyse und GSH/GSSG-Redox-Status bestehen könnten, die für dieses System keinen kausal verwertbaren Hintergrund besitzen (Khairallah et al., 1985).

2.2 Methodik

a) Intention der Versuche

Es sollte untersucht werden, ob eine orale bzw. eine intraperitoneale Applikation von homöopathischen Präparationen Einflüsse auf die Aktivität lysosomaler Glycosidasen bzw. Proteasen ausübt.

b) Verwendete Homöopathika und Darreichungsform

Arsenicum album als wäßrige Potenzen D 4, D 6, D 8, D 12, D 30, D 100, D 200, D 500 i.p.; Zincum aceticum als wäßrige Potenzen D 3, D 6, D 30, D 200 i.p.; Ferrum phosphoricum, Histaminum hydrochloricum und Adrenalinum als Milchzukkertabletten D 4, D 6, D 8, D 12, D 30, D 200, D 1000 oral.

c) Versuchsregie

Die intraperitoneale Applikation von je 0,5 ml der entsprechenden Verdünnung erfolgte bei Arsenicum album an sieben und bei Zincum aceticum an fünf aufeinanderfolgenden Tagen, die orale Verabreichung je einer Histaminum hydrochloricum- oder Adrenalinum-Tablette an sieben aufeinanderfolgenden Tagen jeweils zwischen 8.30 und 9.00 Uhr. Ferrum phosphoricum wurde an sieben aufeinanderfolgenden Tagen zwischen 8.30 und 9.00 Uhr und zwischen 17.30 und 18.00 Uhr verabreicht. Die Entnahme der Leberprobe wurde am Tag nach der letzten Einzelapplikation zwischen 9.00 und 9.30 Uhr durchgeführt. Da bei der Zincum aceticum-Reihe auch die Aktivität der Alkohol-Dehydrogenase als Parameter ausgewählt worden war, erhielten diese Tiere an den ersten beiden Versuchstagen eine 1%ige wäßrige Ethanollösung zum Trinken.

Männliche Wistar-Ratten (Hagemann, Extertal, SPF Charles River) gelangten mit einem Körpergewicht von 250 ± 10 g in den Versuch. Die Tiere wurden mit einem entsprechend niedrigeren Körpergewicht geliefert und 10 Tage an die Bedingungen des Tierstalles gewöhnt (s. 1.2). Den Tieren standen handelsübliches Pelletfutter und Wasser ad libitum zur Verfügung (s. 1.2) bzw. bei der Zincum aceticum-Reihe an zwei Tagen eine 1%ige wäßrige Ethanollösung (s.o.)

Die Tiere, bei denen eine intraperitoneale Applikation vorgenommen wurde, befanden sich zu zweit in einem Käfig. Für die

orale Applikation war Einzelhaltung erforderlich. Außer bei
der Zincum aceticum-Reihe ging der Probennahme eine 15stün-
dige Hungerphase voraus.

d) Narkose

Die Tiere aus der Zincum aceticum-Reihe erhielten eine Pento-
barbital-Natrium-(Nembutal®, 60 mg/kg Kgw) Narkose, dieje-
nigen aus der Histaminum hydrochloricum-, Arsenicum album-,
Ferrum phosphoricum- bzw. Adrenalinum-Reihe eine Ethernarkose (s. 1.2 e).

e) Probennahme

Die Leber wurde nach dem Entbluten der Tiere mit Hilfe des
Frierstoppverfahrens entnommen (s. auch 3.2. g).
   In einer vorausgegangenen Versuchsreihe waren die Aktivitäten der N-Acetylglucosaminidase in Homogenaten von Leberproben, die nach dem Frierstoppverfahren gewonnen worden
waren, mit sofort präparierten Leberhomogenaten verglichen
worden. Es ergaben sich zwei wichtige Erkenntnisse: erstens,
daß die Aktivitäten bei beiden Gewinnungsverfahren statistisch
nicht verschieden waren, zweitens, daß die Einzelwertstreuun-
gen innerhalb einer Gruppe bei Verwendung von gefrierge-
stopptem Lebergewebe weitaus niedriger waren. Ein Grund
dafür könnte in der exakteren Gewichtsbestimmung von Pulver-
mengen im Milligrammbereich, verglichen mit Gewebestück-
chen, liegen.

f) Homogenatbereitung und Methoden

2 g fein gemörsertes Leberpulver wurde zu 6 ml 0,25M Saccharose mit sechs langsamen Stempelbewegungen in einem mechanischen Potter-Elvehjem-Homogenisator aufbereitet. In drei
Zentrifugationsschritten, jeweils bei $+4\,°C$ ($1000 \times g$, 10 Minuten; $3000 \times g$, 15 Minuten und $14\,500 \times g$, 20 Minuten) wurde

eine angereicherte Lysosomenfraktion gewonnen. Sie entspricht dem Pellet der letzten Zentrifugation. Das Pellet wurde in 4 ml 0,25M Saccharose mit Hilfe eines manuellen Potter-Homogenisators vorsichtig mit vier Stempelbewegungen resuspendiert (modifiziert nach Pertoft et al., 1978).

In dieser Suspension wurden die Aktivitäten von folgenden Glycosidasen gemessen:

N-Acetyl-β-D-Glucosaminidase, β-D-Galactosidase, β-D-Xylosidase.

Als Substrat wurde jeweils das entsprechende 4-Methylumbelliferyl-Derivat angeboten (Barrett, 1972; Barrett and Heath, 1977, pp. 118−120). Die Enzymaktivität wird in μmol $\times$ min^{-1} $\times$ mg^{-1} Protein angegeben.

In den jeweils gleichen Proben wurde auch die lysosomale Protease-Aktivität mit Hilfe eines photometrischen Verfahrens erfaßt (Church, 1985). Dazu wird einer Lysosomenpräparation, ausgehend von 0,4 g Leberpulver in 4 ml 0,25 M Saccharose (Zentrifugationen s.o.), nach Resuspension in 1 ml 0,25 M Saccharose, eine bestimmte Menge an Rinderserum-Albumin (Fraktion V, Cohn; BSA) als Substrat angeboten: Ein Aliquot von 100 μl der Suspension wurde mit 40 μl BSA (1 mg/ml) und 470 μl 0,3M Na-citrat-Puffer (pH 5,0) versetzt und 10 min bei 37 °C inkubiert. Die Derivatisierung der freiwerdenden Aminogruppen erfolgte mit Orthophthalaldehyd (OPA), d.h. die Inkubationslösung wurde in 1 ml OPA-Reagenzlösung überführt, 2 min inkubiert und sofort bei 340 nm spektralphotometrisch gemessen.
Die Gesamtaktivität ist angegeben als:

$\Sigma\mu$mol $\times$ min^{-1} $\times$ mg^{-1} Protein.

Die Aktivität der mikrosomalen NADPH-Cytochrom-P450-Reductase (s. 3.2.f) und der Xanthin-Oxidase (s. 4.2) wurde mittels Chemilumineszenz (Harisch und Kretschmer, 1989) und die Glycerinaldehyd-3-phosphat-Dehydrogenase nach der Methode von Bergmeyer et al. (1974) bestimmt. Die Messung des Sauerstoffverbrauchs der Mitochondrien erfolgte nach Richter (1989).

g) Statistik

Nach vorausgegangener Varianzanalyse wurden die Mittelwerte ($\pm$ S.D.) mit dem Student-Newman-Keuls-Test verglichen.

2.3 Ergebnisse

2.3.1 Arsenicum album (Arsentrioxid)

2.3.1.1 Lysosomale Glycosidasen und begleitende Parameter

2.3.1.1.1 N-Acetyl-β-D-Glucosaminidase

Die in dieser Versuchsreihe gemessenen Enzymaktivitäten zeigen für N-Acetyl-β-D-Glucosaminidase die höchsten Werte.

Verglichen mit der Placebo-Gruppe bewirkten sieben intraperitoneale Applikationen der D 12-Potenz eine beträchtliche Absenkung der Aktivität. Auch die Werte der mit D 6, D 30 und D 60 behandelten Gruppen lagen noch unter dem Placebo-Niveau. Höhere Potenzen als D 30 und niedrigere als D 6 ließen die Aktivität dieses Enzyms nahezu unbeeinflußt (Abb. 17).

2.3.1.1.2 β-D-Galactosidase

Bei β-D-Galactosidase war die für die Placebo-Gruppe gefundene Aktivität nur etwa $\frac{1}{10}$ so hoch wie diejenige der N-Acetyl-β-D-Glucosaminidase. Eine signifikante Beeinflußbarkeit durch Arsenicum album konnte nicht aufgefunden werden (Abb. 18).

2.3.1.1.3 β-D-Xylosidase

Für dieses Enzym lagen die Aktivitäten fast aller Gruppen an der Nachweisgrenze. Es zeigte sich keine Beeinflußbarkeit (Abb. 19).

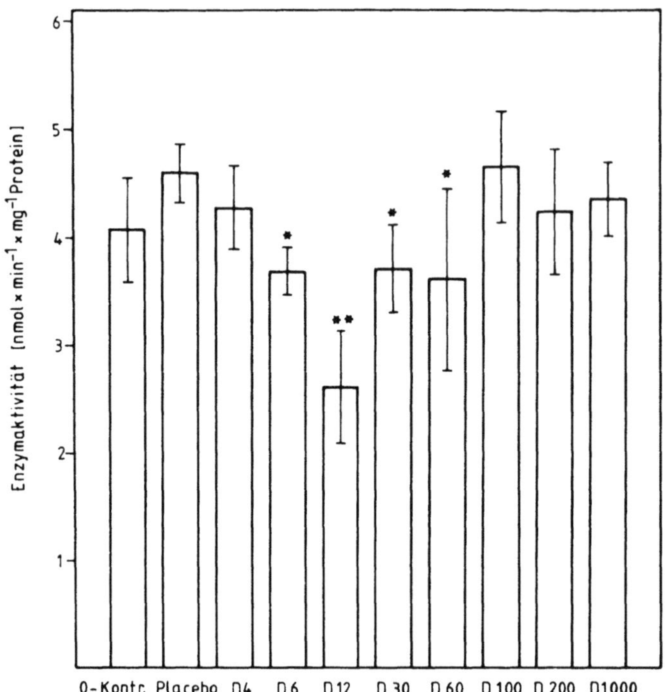

Abb. 17. Lysosomale N-Acetyl-β-D-Glucosaminidase − Aresnicum album i.p. (zu 2.3.1.1)

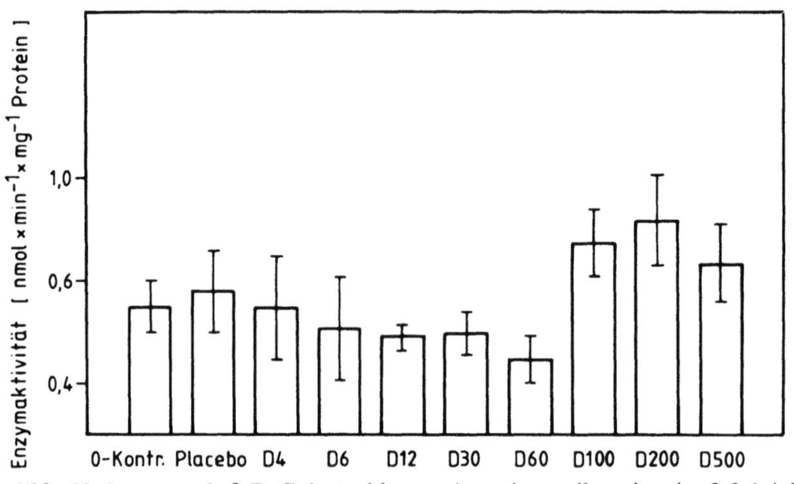

Abb. 18. Lysosomale β-D-Galactosidase − Arsenicum album i.p. (zu 2.3.1.1.2)

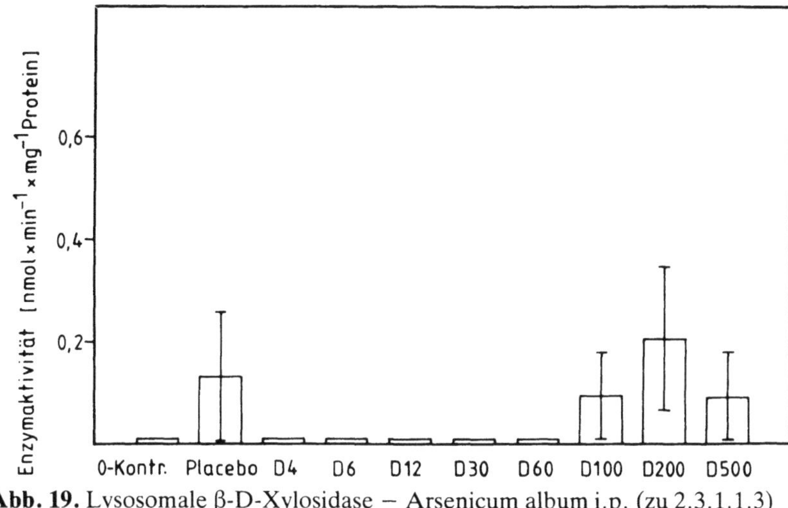

Abb. 19. Lysosomale β-D-Xylosidase − Arsenicum album i.p. (zu 2.3.1.1.3)

2.3.1.1.4 Glycerinaldehyd-3-phosphat-Dehydrogenase (GAPDH)

Aufgrund der Analogie des Arsenats zum Phosphat und da Arsenat bei der durch GAPDH katalysierten Reaktion als Entkoppler wirkt, wurde innerhalb der Arsenicum-Reihe die GAPDH-Aktivität gemessen. Arsenat kann das Phosphat im Thioester-Intermediat ersetzen. Als Produkt der Reaktion entsteht dann nicht 1,3-bis-Phosphoglycerat, sondern 1-Arseno-3-Phosphoglycerat. Da diese Arsenverbindung spontan hydrolysiert wird, führt die Netto-Gesamtreaktion unter Verlust eines Phosphatrestes zu 3-Phosphoglycerat. Arsen entkoppelt damit diesen Schritt der Substratkettenphosphorylierung (Stryer, 1988, p. 368).

Die Versuchsreihe zeigte aufgrund hoher Individualstreuungen keine statistisch relevanten Unterschiede (Abb. 20).

2.3.1.1.5 Chemilumineszenz

Die Xanthin-Oxidase (XO) war durch zwei Arsenicum album-Potenzen beeinflußbar. Nach D 4-Gaben zeigte sich eine Akti-

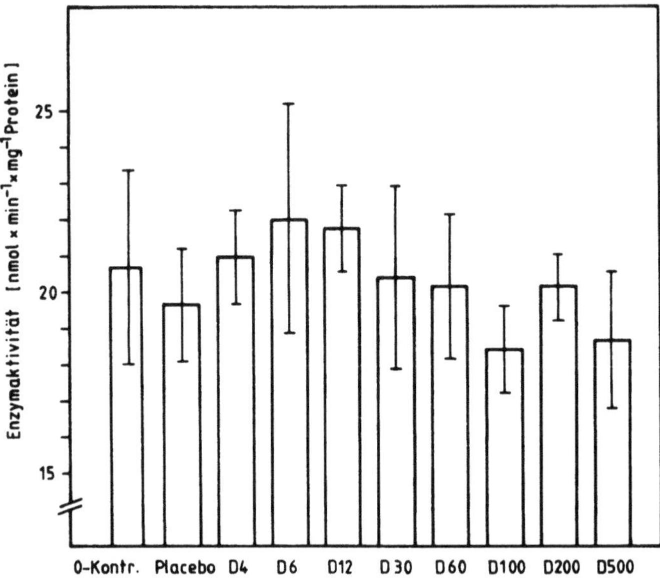

Abb. 20. Zytosolische Glycerinaldehyd-3-phosphat-Dehydrogenase − Arsenicum album i.p. (zu 2.3.1.1.4)

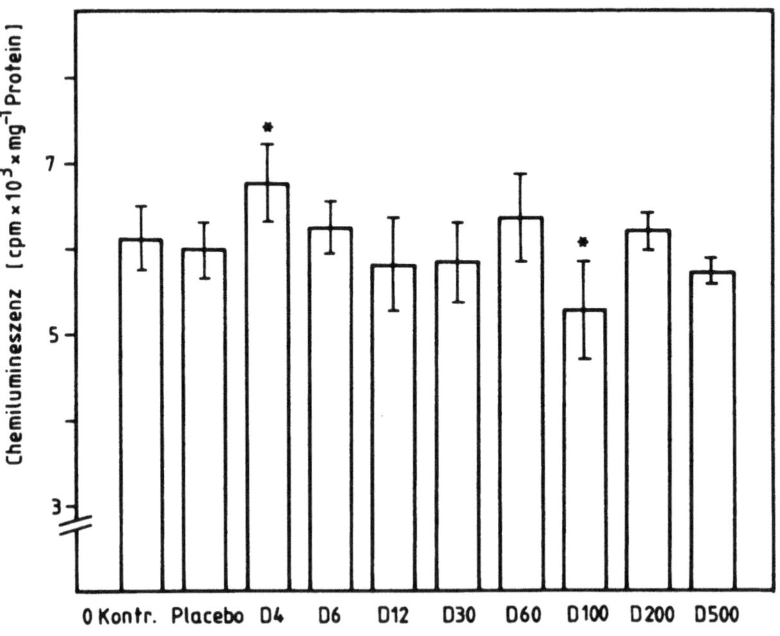

Abb. 21. Zytosolische Xanthin-Oxidase − Arsenicum album i.p. (zu 2.3.1.1.5)

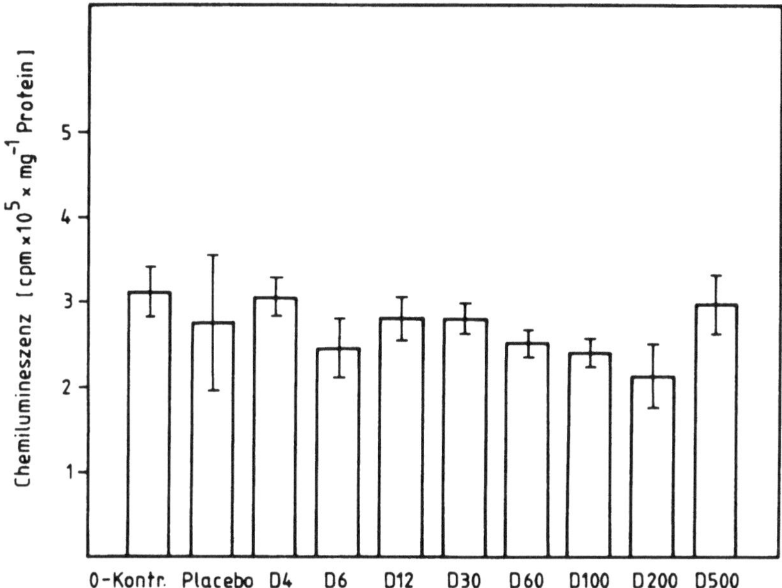

Abb. 22. Mikrosomale NADPH-Cytochrom-P450-Reductase — Arsenicum album i.p. (zu 2.3.1.1.5)

vitätssteigerung, nach D 100-Gaben eine Aktivitätsdepression (Abb. 21).

Die NADPH-Cytochrom-P450-Reductase (NADPH-CR) konnte durch die hier zum Einsatz gelangten Arsenicum album-Potenzen nicht signifikant in ihrer Aktivität gesteuert werden (Abb. 22).

2.3.1.1.6 Polarographie

Die Sauerstoffutilisation der Mitochondrien zeigte nach Vorbehandlung mit den Arsenicum album-Potenzen D 30, D 100, D 200 und D 500 eine Depression, belegt durch die polarographischen Messungen, verglichen mit Placebo. Auch die Nullkontrolle weicht vom Placebo ab (Abb. 23).

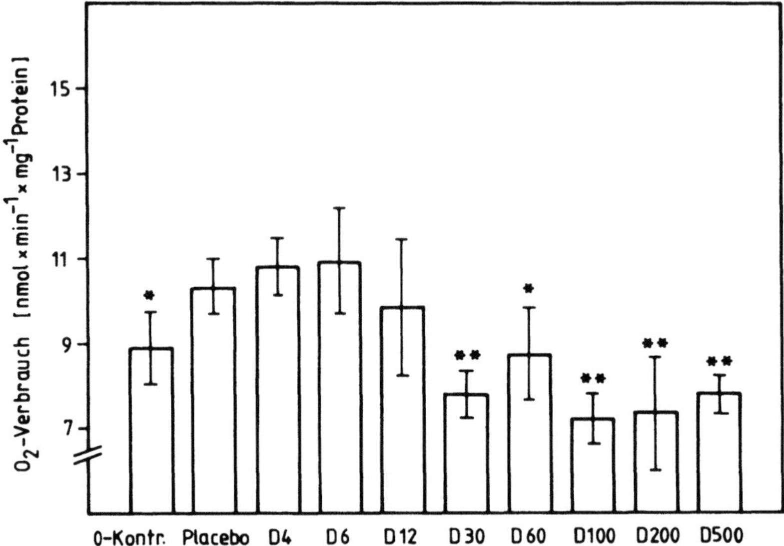

Abb. 23. Polarographische Bestimmung des mitochondrialen Sauerstoff-Verbrauchs − Arsenicum album i.p. (zu 2.3.1.1.6)

2.3.1.2 Lysosomale Proteasen

Eine intraperitoneale Vorbehandlung mit sieben Einzeldosen der Arsenicum album-Potenz D 12 führte, verglichen mit Placebo, zu einer Depression der Aktivität um 39%. Auch die Potenzen D 6, D 30, D 60 und D 500 zeigten entsprechende Wirkung (Abb. 24).

2.3.2 Zincum aceticum (Zinkacetat)

2.3.2.1 Lysosomale Glycosidasen

2.3.2.1.1 N-Acetyl-β-D-Glucosaminidase

Für eine Beeinflußbarkeit der N-Acetyl-β-D-Glucosaminidase durch intraperitoneale Applikationen von Zincum aceticum-Potenzen ergaben sich lediglich Anhaltspunkte. Eine statistische Absicherung war nicht möglich (Abb. 25).

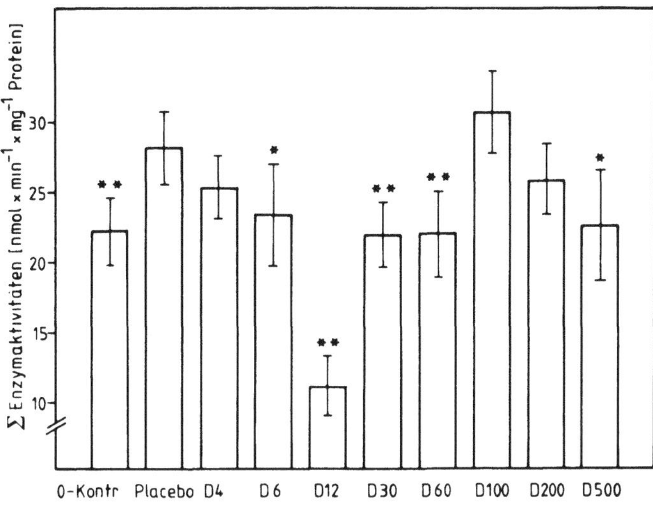

Abb. 24. Lysosomale Proteasen − Arsenicum album i.p. (zu 2.3.1.2)

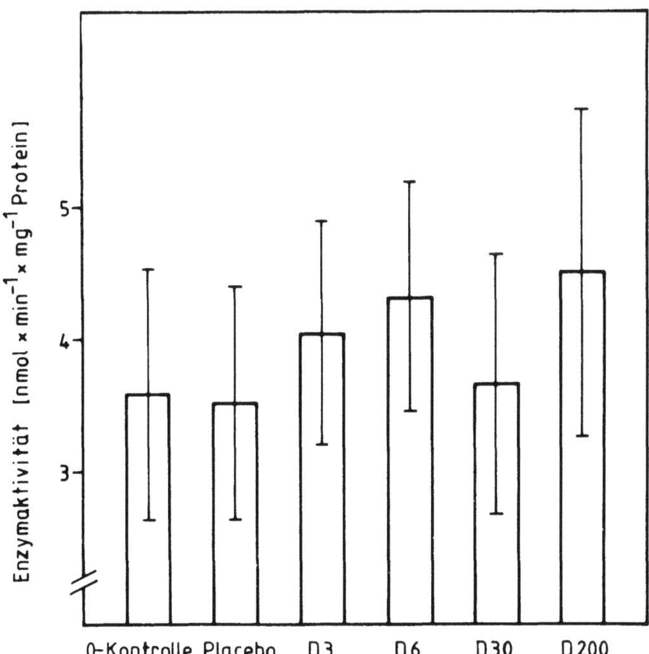

Abb. 25. Lysosomale N-Acetyl-β-D-Glucosaminidase − Zincum aceticum i.p. (zu 2.3.2.1.1)

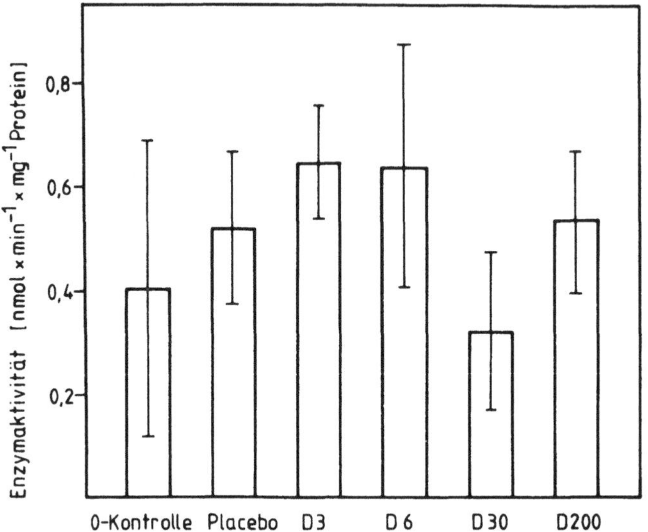

Abb. 26. Lysosomale β-D-Galactosidase – Zincum aceticum i.p. (zu 2.3.2.1.2)

2.3.2.1.2 β-D-Galactosidase

Ähnliches wie für die N-Acetyl-β-D-Glucosaminidase gilt auch für die β-D-Galactosidase (Abb. 26).

2.3.2.1.3 β-D-Xylosidase

Die Aktivität dieses Enzyms konnte durch Vorbehandlung mit Zincum aceticum D 6 deutlich unter den Placebowert abgesenkt werden. Eine geringe Aktivierung war nach D 200-Gabe meßbar (Abb. 27).

2.3.2.2 Lysosomale Proteasen

Eine Erniedrigung der Gesamtproteasenaktivität der Lysosomenfraktion wurde durch Vorbehandlung mit Zincum aceticum D 3, D 6, D 30 und D 200 erreicht (Abb. 28).

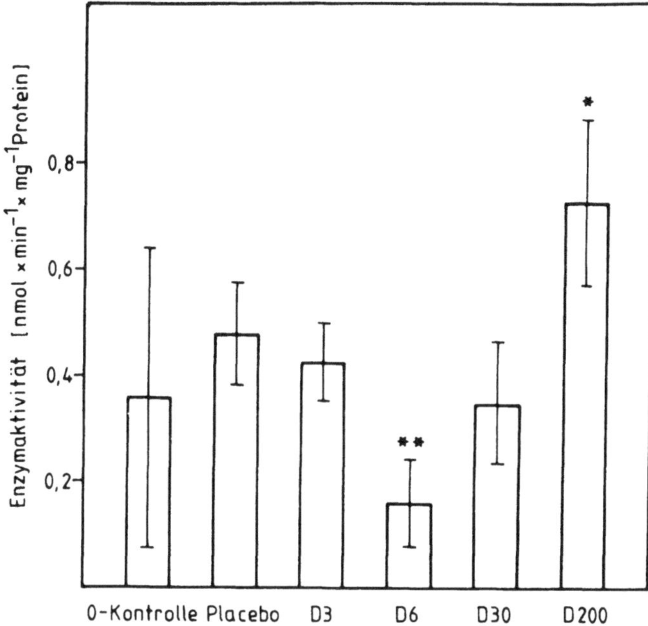

Abb. 27. Lysosomale β-D-Xylosidase − Zincum aceticum i.p. (zu 2.3.2.1.3)

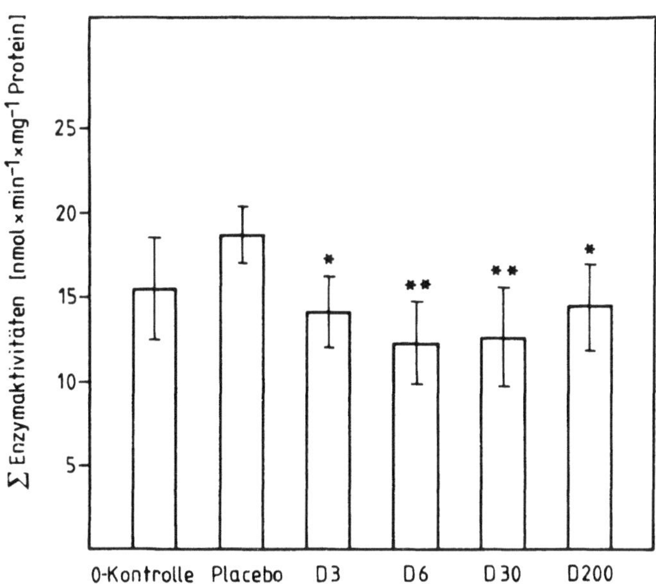

Abb. 28. Lysosomale Proteasen − Zincum aceticum i.p. (zu 2.3.2.2)

2.3.3 Ferrum Phosphoricum (Eisenphosphat, FePO$_4$)

2.3.3.1 Lysosomale Glycosidasen

2.3.3.1.1 N-Acetyl-β-D-Glucosaminidase

Die orale Applikation sämtlicher Ferrum phosphoricum-Potenzen verringerte − mit Ausnahme von D 4 − die Aktivität des Enzyms (Abb. 29).

2.3.3.1.2 β-D-Galactosidase

Die Potenzen D 4, D 6 und D 8 verursachten eine Erhöhung der Aktivität der Galactosidase, während die Werte für die weiteren untersuchten Potenzen auf Placebo-Niveau lagen (Abb. 30).

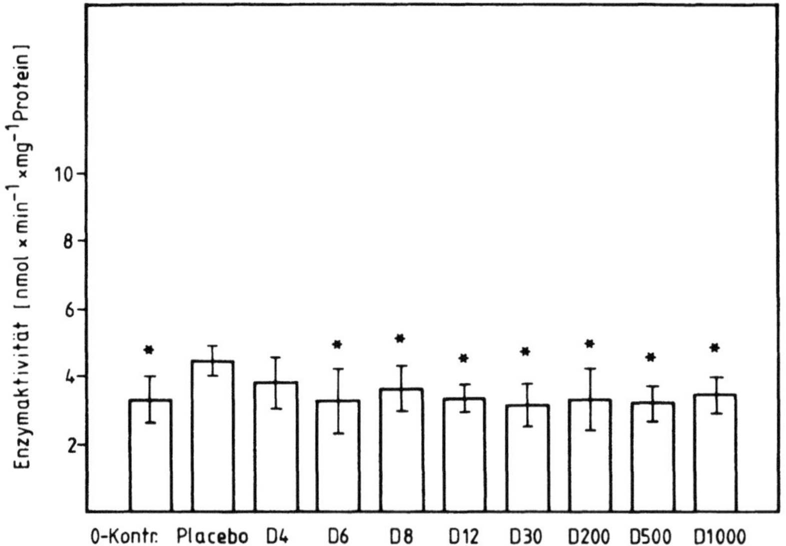

Abb. 29. Lysosomale N-Acetyl-β-D-Glucosaminidase − Ferrum phosphoricum p.o. (zu 2.3.3.1.1)

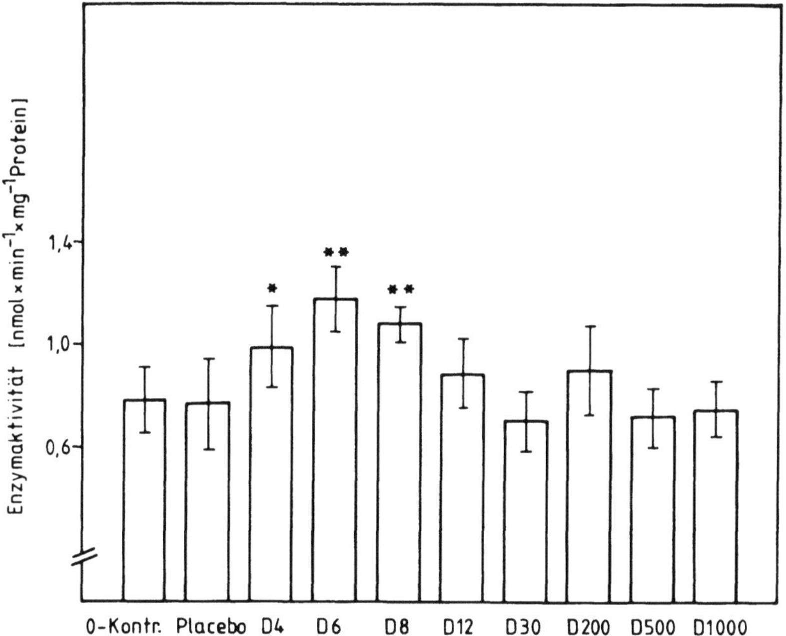

Abb. 30. Lysosomale β-D-Galactosidase − Ferrum phosphoricum p.o. (zu 2.3.3.1.2)

2.3.3.2 Lysosomale Proteasen

Bei dieser Versuchsreihe führten die oralen Verabreichungen von sieben Einzelgaben der Potenzen D 6, D 8 oder D 12 zu Aktivitätserhöhungen der lysosomalen Proteasen (Abb. 31).

2.3.4 Kalium cyanatum (Kaliumcyanid)

2.3.4.1 Lysosomale Glycosidasen

2.3.4.1.1 N-Acetyl-β-D-Glucosaminidase

Die orale Applikation unterschiedlicher Kalium cyanatum-Potenzen zeigte keine statistisch relevante Aktivitätsveränderung der N-Acetyl-β-D-Glucosaminidase, bezogen auf Placebo.

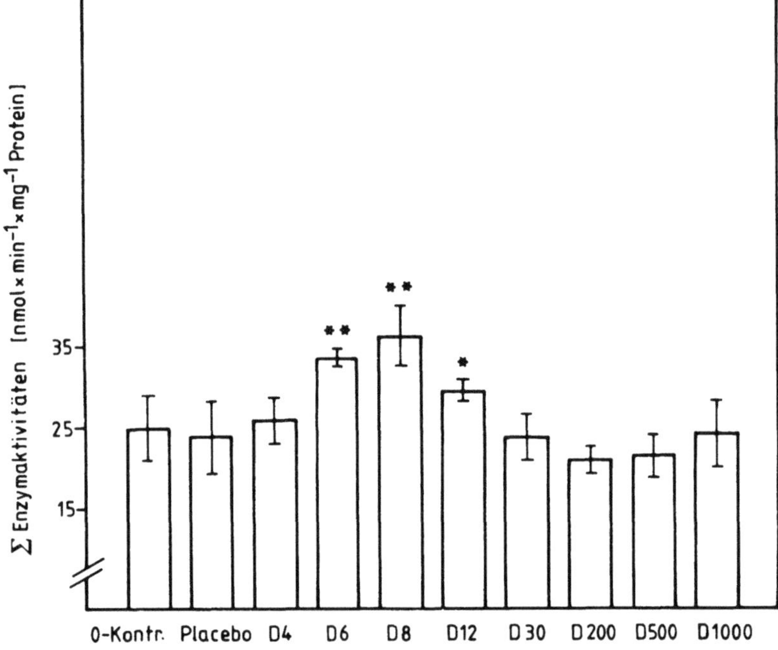

Abb. 31. Lysosomale Proteasen − Ferrum phosphoricum p.o. (zu 2.3.3.2)

Verglichen mit dem Arsenicum album- und dem Ferrum phosphoricum-Versuch, lagen hier die Werte der Nullkontrollen und damit die gesamte Wertereihe auf einem um etwa 35% niedrigeren Niveau. Dies erklärt sich durch die Tatsache, daß versuchsbedingt die Ratten hier nicht, wie in den anderen Fällen, 15 Stunden vor der Probennahme gehungert hatten (Abb. 32).

2.3.4.1.2 β-D-Galactosidase

Auch für die Galactosidase konnte, gemessen an der hier verwendeten Versuchsanstellung, durch Kalium cyanatum-Potenzen keine statistisch relevante Beeinflussung nachgewiesen werden (Abb. 33).

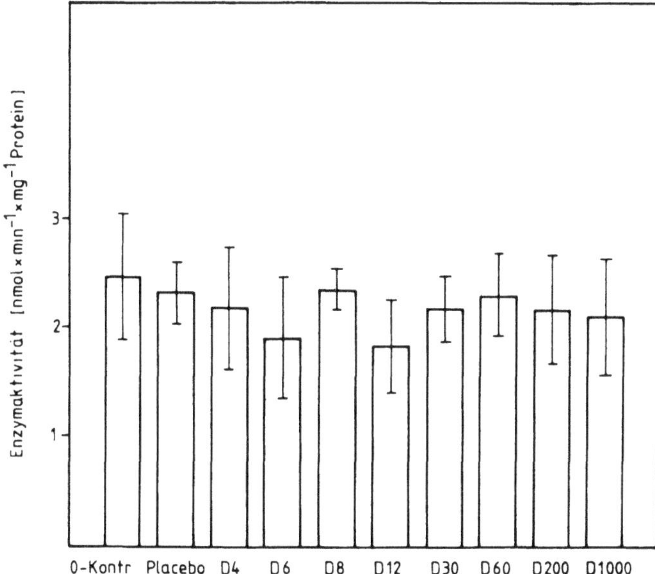

Abb. 32. Lysosomale N-Acetyl-β-D-Glucosaminidase − Kalium cyanatum p.o. (zu 2.3.4.1.1)

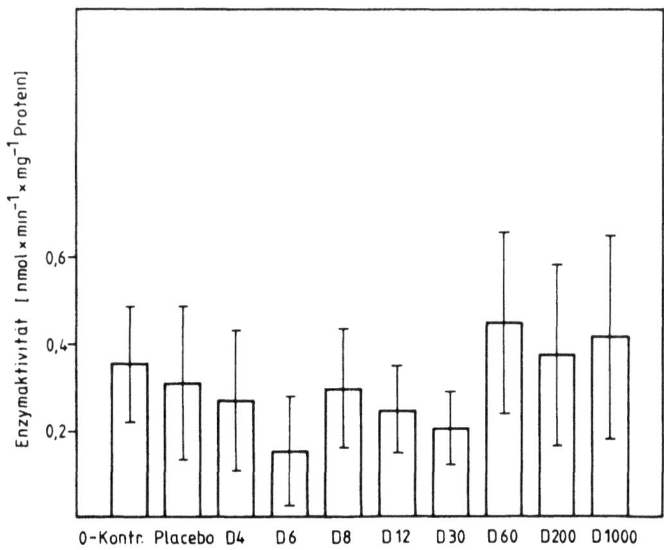

Abb. 33. Lysosomale β-D-Galactosidase − Kalium cyanatum p.o. (zu 2.3.4.1.2)

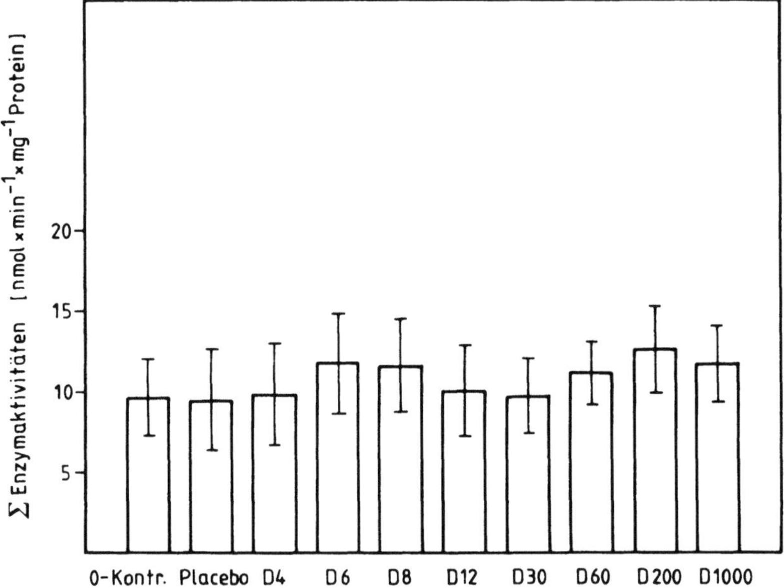

Abb. 34. Lysosomale Proteasen − Kalium cyanatum p.o. (zu 2.3.4.2)

2.3.4.2 Lysosomale Proteasen

Die lysosomale Proteasen-Gesamtaktivität war durch Kalium cyanatum-Potenzen nicht beeinflußbar (Abb. 34).

2.3.5 Adrenalinum

2.3.5.1 Lysosomale Glycosidasen

2.3.5.1.1 N-Acetyl-β-D-Glucosaminidase

Adrenalinum in oraler Verabreichungsart der angegebenen Potenzen bewirkte keine Beeinflussung der N-Acetyl-β-D-Glucosaminidase (Abb. 35).

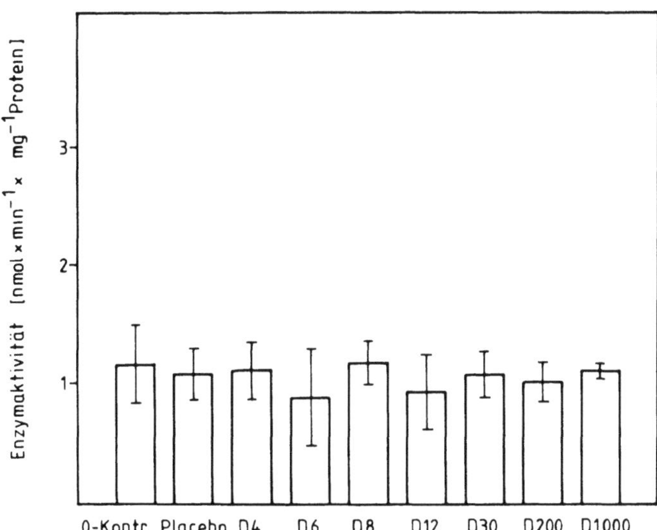

Abb. 35. Lysosomale N-Acetyl-β-D-Glucosaminidase – Adrenalinum p.o. (zu 2.3.5.1.1)

2.3.5.1.2 β-D-Galactosidase

Auch die Aktivität der Galactosidase konnte durch Verabreichung von Adrenalinum-Potenzen nicht verändert werden (Abb. 36).

2.3.5.2 Lysosomale Proteasen

Die Proteasen-Gesamtaktivität der Lysosomenfraktion zeigte ebenfalls keine Beeinflußbarkeit durch Adrenalin (Abb. 37).

2.3.6 Histaminum hydrochloricum

2.3.6.1 Lysosomale Glykosidasen

2.3.6.1.1 N-Acetyl-β-D-Glucosaminidase

Für eine Beeinflußbarkeit dieses Enzyms durch orale Gabe von Histaminum hydrochloricum ergaben sich keine Anhaltspunkte (Abb. 38).

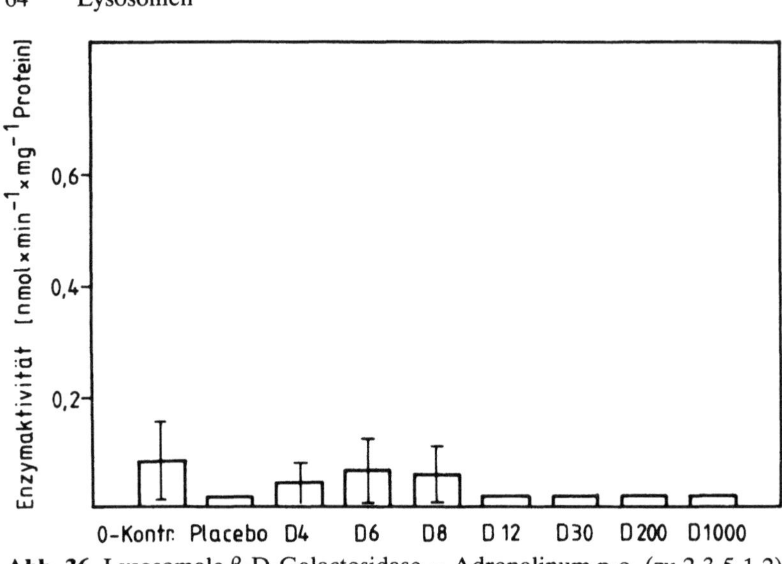
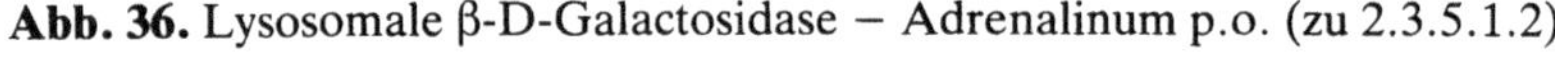

Abb. 36. Lysosomale β-D-Galactosidase — Adrenalinum p.o. (zu 2.3.5.1.2)

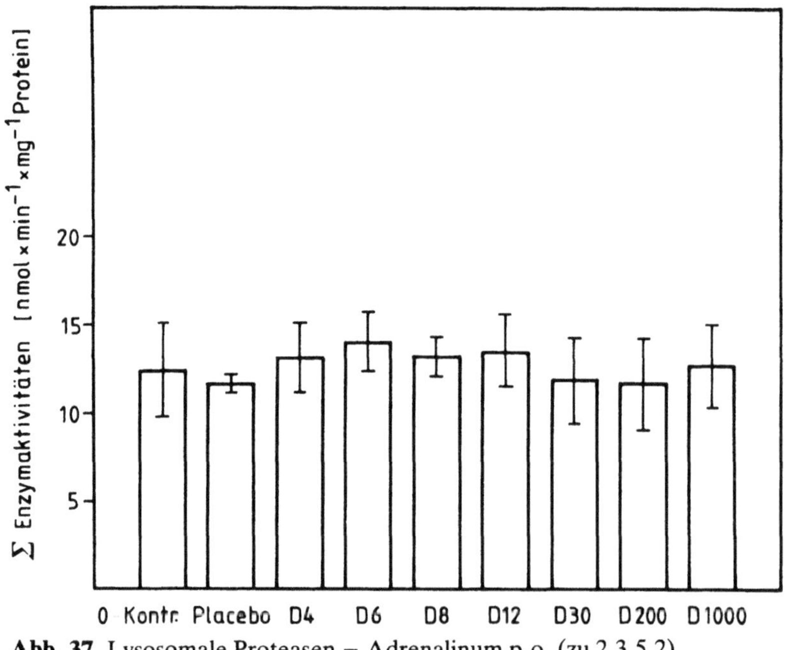

Abb. 37. Lysosomale Proteasen — Adrenalinum p.o. (zu 2.3.5.2)

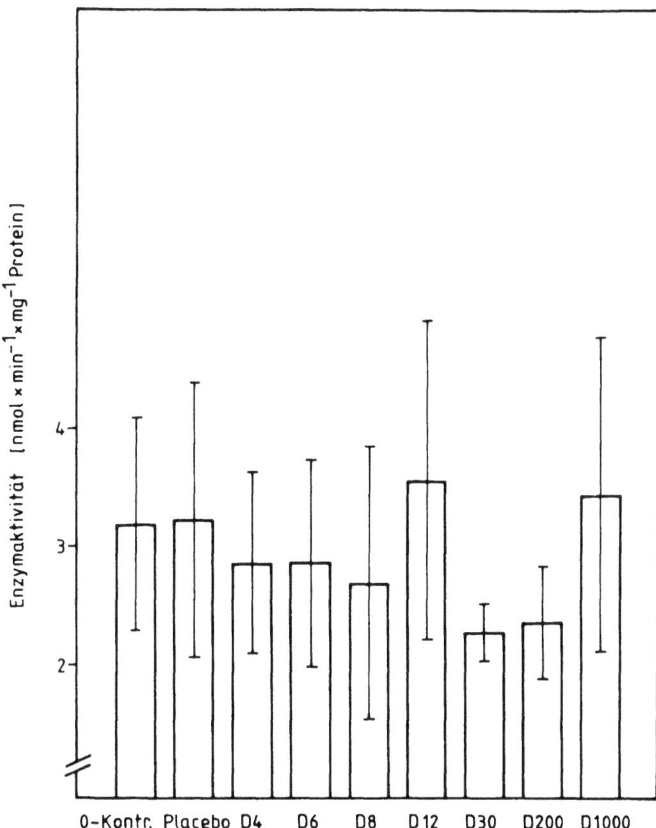

Abb. 38. Lysosomale N-Acetyl-β-D-Glucosaminidase − Histaminum hydrochloricum p.o. (zu 2.3.6.1.1)

2.3.6.1.2 β-D-Galactosidase

Auch für die Galactosidase konnten keine statistisch relevanten
Effekte gefunden werden (Abb. 39).

2.3.6.1.3 β-D-Xylosidase

Die Aktivität der Xylosidase war durch Vorbehandlung mit
Histaminum hydrochloricum nicht veränderbar (Abb. 40).

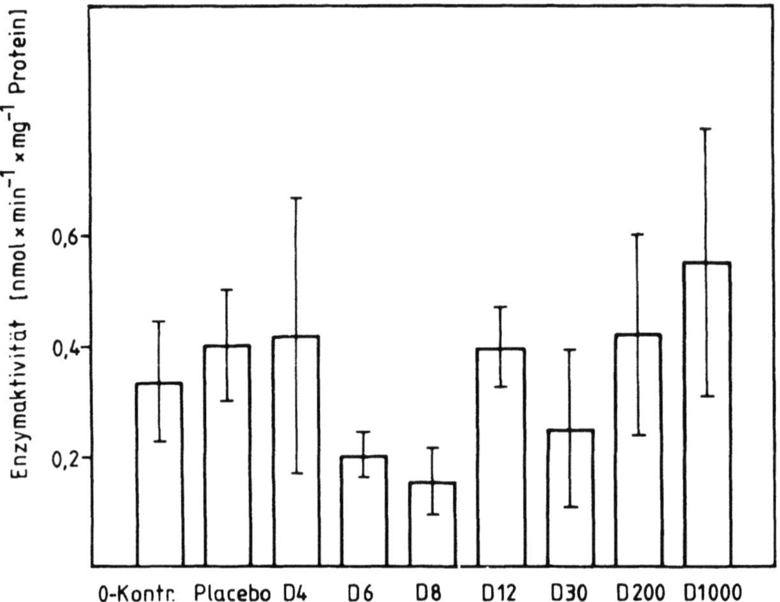

Abb. 39. Lysosomale β-D-Galactosidase − Histaminum hydrochloricum p.o. (zu 2.3.6.1.2)

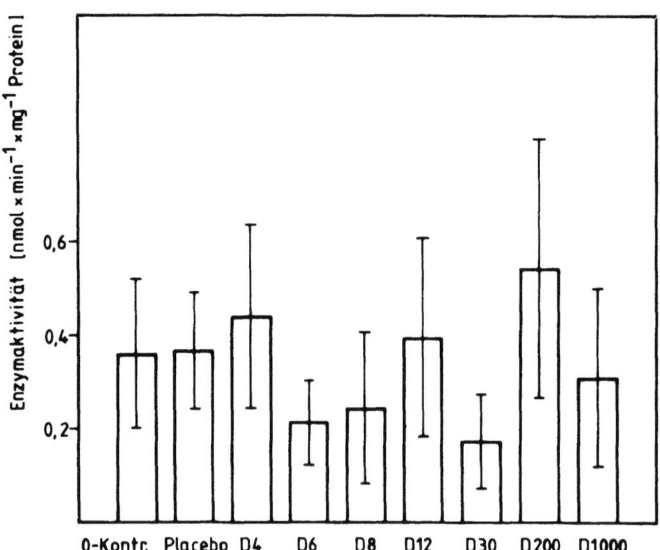

Abb. 40. Lysosomale β-D-Xylosidase − Histaminum hydrochloricum p.o. (zu 2.3.6.1.3)

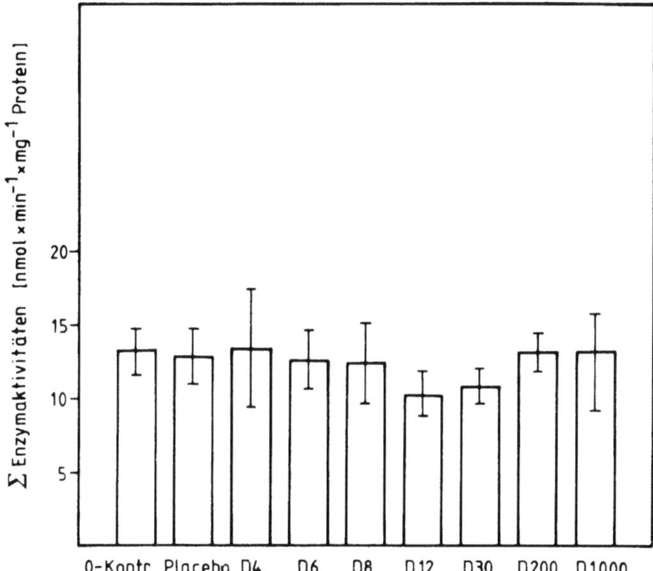

Abb. 41. Lysosomale Proteasen − Histaminum hydrochloricum p.o. (zu 2.3.6.2)

2.3.6.2 Lysosomale Proteasen

Mit dem hier durchgeführten Versuchsansatz zeigten sich keine Wirkungen auf die Aktivität der lysosomalen Proteasen (Abb. 41).

2.4 Wertung

Bei den durchgeführten Versuchen wurden zwei unterschiedliche Applikationsformen angewandt: Arsenicum album in wäßriger Potenzierung intraperitoneal, alle anderen homöopathischen Präparationen oral als Milchzuckertabletten. Mit beiden Formen der Verabreichung zeigten sich Effekte. In dieser Initialphase homöopathischer Grundlagenforschung ist die Feststellung von Bedeutung, daß der Wirkungseintritt von der Art der Verabreichung unabhängig zu sein scheint. In zukünftigen Arbeiten muß dies überprüft werden durch Versuchsreihen, bei denen dasselbe Mittel jeweils in einer Versuchsreihe oral bzw. intraperitoneal gegeben wird.

Es hat sich herausgestellt, daß für die Versuche mit Lysosomen ein zwölf- bis fünfzehnstündiger Nahrungsentzug bei den Ratten vor der Probennahme im Sinne der Effektfindung unabdingbar ist. Ein solcher Nahrungsentzug wurde praktiziert bei den Versuchen mit Arsenicum album und mit Ferrum phosphoricum.

Durch dieses Kurzzeithungern steigen die Aktivitäten der hier untersuchten lysosomalen Glycosidasen und Proteasen – und auch der meisten anderen lysosomalen Enzyme – an. Aufgrunddessen wurden die durch das Homöopathikum bewirkten Effekte besser sichtbar oder sie erhalten möglicherweise erst durch die mit dem Nahrungsentzug einhergehende Umstellung des Intermediärstoffwechsels die Möglichkeit, sich zu entfalten.

Durch diese Feststellung, die sich hier nur auf lysosomale Parameter bezieht, werden die wenigen Effekte nach Vorbehandlung mit Kalium cyanatum, Zincum aceticum und Adrenalinum in gewisser Weise relativiert.

Die mit Arsenicum album erhaltenen Ergebnisse zeigten deutlich, daß die Potenz D 12 eine gleichsinnige Aktivitätsdepression der N-Acetyl-β-D-Glucosaminidase und der lysosomalen Proteasen verursacht. Auch die übrigen Arsenicum album-Potenzen führten bei der N-Acetyl-β-D-Glucosaminidase und den Proteasen zu weitgehend übereinstimmenden Effekten.

Die Begleitparameter zu diesen Untersuchungen gaben überraschenderweise keinen weiteren Aufschluß über die Art und Weise des Zustandekommens. Das dürfte an einer nicht zielführenden Auswahl dieser begleitenden Meßgrößen liegen. Im Falle der GAPDH war dies unbefriedigend aufgrund der dokumentierten Bedeutung des Arsens bei der Substratkettenphosphorylierung (s. 2.3.1.1.4).

Die durch Arsenicum album D 12 verursachte Hemmung lysosomaler Funktionen hat naturgemäß Auswirkungen auf lysosomenabhängige Funktionen des Gesamtorganismus. Es soll darauf hingewiesen werden, daß biochemische Grundlagenuntersuchungen diese Auswirkung zunächst nur unvollkommen erfassen können. Erst nachdem weitere Parameter gemessen

worden sind und ihr Verhalten beurteilbar ist, wird die gesamt-
organismische Komponente greifbar. Zusätzlich könnten klinisch-therapeutische Befunde zur Bewertung herangezogen
werden.

Die hier gemachte Feststellung hat Bedeutung auch für
andere Stellen dieses Buches.

Bei Vorbehandlung mit Ferrum phosphoricum fiel eine deutliche Aktivierung lysosomaler Proteasen durch die Potenz D 8
auf. Dieser Effekt fand z.T. eine Entsprechung innerhalb der
Reihe der gemessenen Glycosidasen. Aus anderen mit Ferrum
phosphoricum erhaltenen Ergebnissen (s. bei 5.3) war eine Verminderung des mitochondrialen Sauerstoffverbrauches durch
die Potenz D 8 nachweisbar. Zusätzlich zeigten sich Aktivitätsdepressionen für mehrere mitochondriale Enzyme (s. 5.3.1).

Bei den mit Ferrum phosphoricum und Arsenicum album
erhaltenen Ergebnissen an Lysosomen ergeben sich also mehrere gute Hinweise für eine Weiterbearbeitung der zugrunde liegenden Mechanismen:

Es wird z.B. zu untersuchen sein, ob die Aktivierung einer
lysosomalen Funktion durch Ferrum phosphoricum D 8 für den
Gesamtorganismus bei Vorliegen entsprechender Krankheits-
formen (s. 2.1) nutzbringend anzuwenden ist.

3 Zinkabhängige Enzyme

3.1 Literaturauswahl

Die Resorption des alimentären Zinks erfolgt bei der Ratte im Bereich des Dünndarms, während aus dem Magen nur eine geringfügige Aufnahme möglich ist (Schwarz and Kirchgessner, 1974a; Schwarz und Kirchgessner, 1975). Dieser Prozeß beinhaltet einen energieabhängigen Schritt (Kowarski et al., 1974) und wird höchstwahrscheinlich durch einen Carrier vermittelt. Zinkdepletion über das Futter steigert gleichzeitig die Aufnahme von Kupfer beträchtlich (Schwarz und Kirchgessner, 1974b), während die Absorption von Calcium, Eisen oder Mangan bei Zinkdepletion nicht erhöht ist (Schwarz und Kirchgessner, 1980). Die wahre Absorption nimmt bei steigender Zinkzufuhr ständig ab. Bei Überschußangebot beträgt sie nur etwa ein Drittel der Aufnahme (Weigand and Kirchgessner, 1978).

Vor dem Hintergrund dieser Beobachtungen ist es vorstellbar, daß die enterale oder parenterale Zufuhr kleinster Mengen an Zink, wie es im Falle der Versuche mit homöopathisch aufbereiteter Substanz der Fall ist, im Sinne einer Katalyse systembeeinflussend wirken könnte. Als Zielmoleküle einer solchen Beeinflussung kommen zinkhaltige Metalloenzyme in Frage.

Jede der sechs Hauptgruppen der von der „International Union on Biochemistry" vorgenommenen Einteilung der Enzyme beinhaltet zinkhaltige Enzyme. Hinsichtlich der Bedeutung des Zinkanteils muß unterschieden werden zwischen einer katalytischen, strukturellen, regulatorischen oder nicht-katalytischen Rolle (Galdes and Vallee, 1983). Bislang ist eine eindeutige Zuordnung nicht in jedem Fall zweifelsfrei möglich.

Eine katalytische Rolle spielt das Zink, wenn es in den Katalyse-Vorgang eingeschaltet ist und seine Entfernung zur Bildung eines intakten Apoenzyms führt. Beispiele hierfür sind Carboanhydrase, Carboxypeptidase, Glyoxalase I, RNA- und DNA-Polymerase und Alkohol-Dehydrogenase (bei Säugetieren und Mensch).

Strukturelles Zink stabilisiert meist die Quartärstruktur des enzymatischen Proteins, wie z.B. im Falle der α-Amylase aus Bacillus subtilis.

Die regulatorische Wirkung ist etwa bei der Fructose-1,6-biphosphatase oder der Leucin-Aminopeptidase gegeben. Ohne Zinkanteil läuft der katalytische Vorgang zwar ab, entzieht sich jedoch den für das Gesamtsystem wichtigen regulatorischen (modulierenden) Einflüssen.

Bei der Alkohol-Dehydrogenase der Pflanzen ist Zink zwar vorhanden, seine Entfernung führt jedoch weder zu einem Verlust der katalytischen Fähigkeit noch zu einer Veränderung der dreidimensionalen Struktur. Ähnliches gilt für die Superoxid-Dismutase.

Es besteht außerdem die Möglichkeit, daß in einem Enzymprotein mehrere Zinkatome vorhanden sind, deren Bedeutung im Sinne der obigen Einteilung unterschiedlich ist.

Für die katalytische Rolle des Zinks existieren mehrere hypothetische Vorstellungen:

a) Das metallgebundene Wassermolekül wird durch das Substrat ersetzt. Zink würde dabei nach Art einer Lewis-Säure wirken und das gebundene Substrat polarisieren. So könnte also der elektrophile Reaktionspartner aktiviert werden.

b) Zink behält den Wasseranteil und wirkt als Zinkhydroxid-Ion auf das Substratmolekül. Auf diese Weise würde der nukleophile Partner durch Zink aktiviert.

c) Die Rolle des Zinks wird durch Zusammenfassung beider Hypothesen charakterisiert.

Die katalytische Rolle des Zinks ist im Falle der Carboanhydrase und der Alkohol-Dehydrogenase (bei Säugetieren) gut erforscht.

Bei der Carboanhydrase ist Zink zwischen zwei Histidinresten angeordnet (Bergstén et al., 1971). Die Anordnung der Aminosäuren im aktiven Zentrum ist derart, daß ein hydrophober und ein hydrophiler Anteil entsteht (Notstrand et al., 1975).

Es wird angenommen, daß Zink seine Wirkung über das H_2O-Molekül entfaltet (s. weiter oben), dessen pK_a-Wert stark erniedrigt ist und so die Ionisierung des Zinks fördert. Das metallgebundene Hydroxid greift im weiteren Carboanhydrase-katalysierten Reaktionsverlauf ein Molekül CO_2 an.

Bei der Aspartat-Transcarbamoylase besitzt Zink struktur-gebende Eigenschaften und stabilisiert die Quartärstruktur (Nelbach et al., 1972). Wächst E. coli auf zinkarmen Nährbö-den, findet sich ein Großteil dieses Enzyms in Form distinkter Untereinheiten.

Leucin-Aminopeptidase enthält pro Untereinheit zwei Zink-atome (Kettmann and Hanson, 1970; Carpenter and Vahl, 1973). Bei Entfernung des Zinkanteils mit 1,10-Phenanthrolin bleiben sowohl die immunologischen und elektrophoretischen Eigenschaften als auch die hexamere Struktur erhalten (Hanson and Frohne, 1976), obwohl die katalytischen Fähigkeiten verlo-rengehen.

Die Alkohol-Dehydrogenase verhält sich hinsichtlich der Bedeutung des enthaltenen Zinks uneinheitlich. Das Enzym aus Pferdeleber ist dimer. Jede Untereinheit enthält zwei Zink-atome und bindet ein Molekül NADH (Åkeson, 1964; Tani-guchi et al., 1967). Eines der beiden Zinkatome ist für die Akti-vitätsentfaltung essentiell, die Bedeutung des anderen ist unbe-kannt und wird als nicht katalytisch eingestuft (Vallee and Hoch, 1957; Drum et al., 1967).

3.2 Methodik

a) Intention der Versuche

Es sollte untersucht werden, ob eine intraperitoneale Applika-tion von Homöopathika Einflüsse auf die Aktivität zinkabhängi-ger Leberenzyme ausübt. Zusätzlich sollten eventuell vorhan-dene tageszeitliche Wirkungsunterschiede untersucht werden. Dazu wurden die Homöopathika zu zwei unterschiedlichen Tageszeitpunkten verabreicht.

b) Verwendete Homöopathika und Darreichungsform

Zincum aceticum in den wäßrigen Potenzen D 4, D 6, D 8, D 12, D 30, D 200, D 1000. Dabei sei angemerkt, daß wäßrige Potenzen nicht handelsüblich sind.

c) Versuchsregie

Die intraperitoneale Applikation von jeweils 0,5 ml der entsprechenden Verdünnung erfolgte an sieben aufeinanderfolgenden Tagen zwischen 8.30 und 9.00 Uhr bzw. zwischen 17.30 und 18.00 Uhr, die Probennahmen jeweils 24 Std. nach der letzten Einzelapplikation.

Männliche Wistar-Ratten (Hagemann, Extertal, SPF Charles River) gelangten mit einem Körpergewicht von 250 ± 10 g in den Versuch. Die Tiere wurden mit einem entsprechend niedrigeren Körpergewicht eingekauft und 8 bis 10 Tage an die Bedingungen des Tierstalles adaptiert (25 °C; 60% rel. Luftfeuchte; Licht von 6 bis 18 Uhr). Den Tieren stand handelsübliches Pelletfutter und Wasser ad libitum zur Verfügung (s. 1.2). Die Tiere befanden sich zu zweit in einem Makrolon-Käfig.

d) Narkose

Die Tiere wurden durch intraperitoneale Verabreichung von 60 mg/kg Kgw Pentobarbital-Natrium (Nembutal®) in Allgemeinanaesthesie versetzt. Eröffnung und Probennahme erfolgten 5 Minuten nach der Applikation des Narkotikums.

e) Probennahme

Die Leber wurde nach dem Entbluten der Tiere zwischen den Aluminiumbacken einer Frierstoppzange zu einer dünnen Schicht gepreßt, anschließend unter flüssigem Stickstoff mittels Mörser sehr fein gepulvert und bis zur Aufarbeitung in flüssigem Stickstoff (−196 °C) gelagert. Von jedem Einzeltier wurden auf diese Weise etwa 7 bis 8 g Leberpulver gewonnen.

Vorversuche zeigten keine Unterschiede hinsichtlich der hier untersuchten Meßgrößen zwischen friergestopptem und frisch homogenisiertem Gewebe, so daß dem Frierstoppverfahren der Vorzug gegeben wurde.

f) Probenaufarbeitung

200 mg Leberpulver wurden in 1 ml Saccharose-Tris-Puffer (0,25 M Saccharose, 0,05 M Tris, pH 7,6; STP) in einem mechanischen Potter-Elvehjem-Homogenisator mit 10 Stempelbewegungen homogenisiert und zentrifugiert (5 min bei 2000 × g und 4°C). Der Überstand wurde bei 12 000 × g (30 min, 4°C) rezentrifugiert, das Pellet zweimal in je 5 ml STP resuspendiert und zentrifugiert (12 000 × g, 15 min, 4°C). Das Sediment wurde in 1 ml STP aufgenommen und diente als Probe (Mitochondrien-Fraktion).

Der Überstand nach der ersten 12 000 × g Zentrifugation wurde 30 min bei 105 000 × g und 4°C zentrifugiert. Der resultierende Überstand entspricht dem Zytosol. Das Pellet wurde zweimal mit je 4 ml 0,125 M KCl resuspendiert und 15 min bei 105 000 × g zentrifugiert und danach in 1 ml 0,125 M KCl aufgenommen (Mikrosomen-Fraktion).

Alkohol-Dehydrogenase (ADH) wurde im Zytosol bestimmt (Bergmeyer et al., 1974), Glutamat-Dehydrogenase (GlDH; Schmidt, 1974) und Superoxid-Dismutase (SOD) in Mitochondrien (Beauchamp and Fridovich, 1971). Alle Enzymaktivitäten werden in nmol × min^{-1} × mg^{-1} Protein bzw. bei SOD in Units × mg^{-1} Protein (McCord and Fridovich, 1969) angegeben.

Die Bestimmung der Aktivität der NADPH-Cytochrom-P450-Reductase (NADPH-CR) wurde in Mikrosomen mittels Chemilumineszenz vorgenommen (Harisch and Kretschmer, 1989). Dazu begann die Präparation mit der Homogenisierung von 200 mg Leber in 1 ml STP-Puffer mit 50 µM Desferal® und 1 mM EDTA (weitere Präparationsschritte s. oben).

Die Proteinwerte wurden mit der Biuret-Methode ermittelt (Kalibrierung mit Rinderserumalbumin, Fraktion V, Cohn).

g) Statistik

Die angegebenen Werte sind Mittelwerte ± S.D.; Varianzanalyse mit nachfolgendem Vergleich der Mittelwerte (Student-Newman-Keuls-Test).

3.3 Ergebnisse

3.3.1 Zincum aceticum

Das Zinkacetat wurde bei diesen Versuchsreihen in Form wäßriger Potenzierungen an sieben aufeinanderfolgenden Tagen jeweils zu zwei unterschiedlichen Tageszeiten intraperitoneal verabreicht.

3.3.1.1 Alkohol-Dehydrogenase (ADH)

Das zytosolische Enzym aus Rattenleber zeigte z.T. geringe tageszeitliche Aktivitätsunterschiede zwischen 9 und 18 Uhr. Bei einer Applikation der Zincum aceticum-Potenzen um 9 Uhr war eine Beeinflußbarkeit der Aktivität in bezug auf Placebo nur bei Anwendung von D 200 meßbar. Innerhalb der 18 Uhr-Reihe lagen D 12, D 30 und D 200 unterhalb des Placebo (Abb. 42). In beiden Versuchsreihen waren Nullkontrollen und Placebo voneinander verschieden.

3.3.1.2 Superoxid-Dismutase (SOD)

Verglichen mit der zytosolischen ADH, zeigte die mitochondriale SOD, ein Cu,Zn-Enzym, ausgeprägtere tageszeitliche Aktivitätsunterschiede. Dabei waren die 18 Uhr-Werte der Nullkontrollen und Placebogruppen jeweils etwa doppelt so hoch wie die entsprechenden 9 Uhr-Werte. Die Vorbehandlung mit Zincum aceticum D 30 ließ sowohl um 9 Uhr als auch um 18 Uhr die Aktivitäten signifikant über die jeweiligen Placebogruppen ansteigen. Sieben intraperitoneale Einzelgaben D 6 um 18

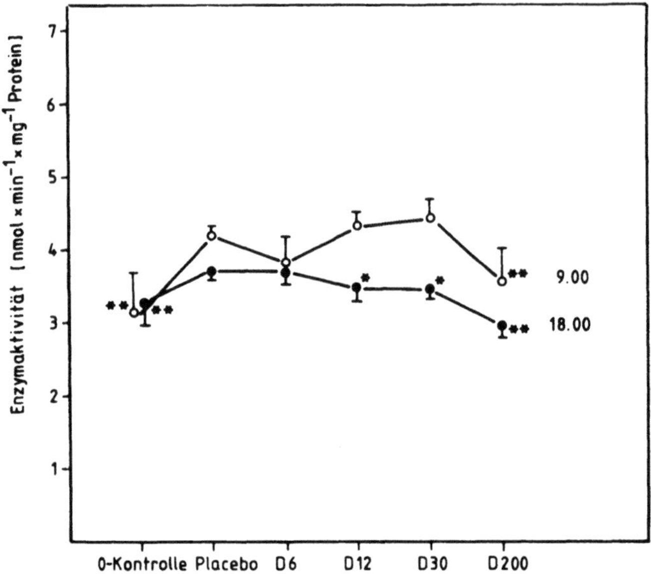

Abb. 42. Zytosolische Alkohol-Dehydrogenase − Zincum aceticum um 9.00 bzw. 18.00 i.p. (zu 3.3.1.1; aus: Raum und Zeit (1989) 8:65−67; mit freundlicher Genehmigung des Ehlers Verlages, München)

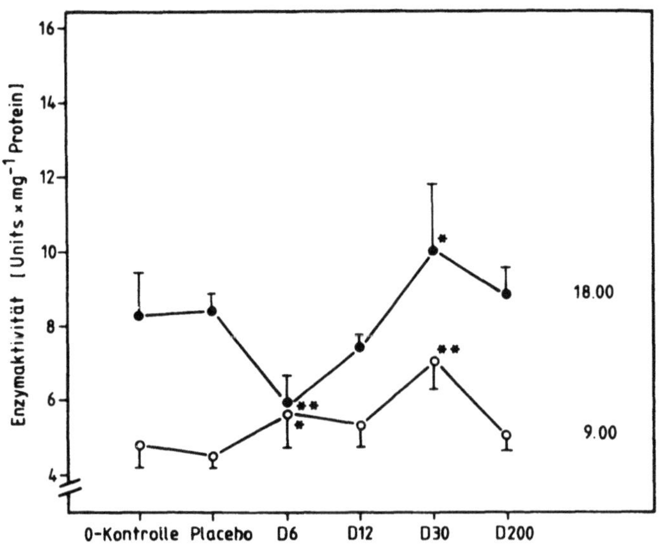

Abb. 43. Mitochondriale Superoxid-Dismutase − Zincum aceticum um 9.00 bzw. 18.00 i.p. (zu 3.3.1.2; aus: s. Legende zu Abb. 42)

Uhr führten zum Abfall der Aktivität signifikant unter die Werte der Placebogruppe, um 9 Uhr jedoch zu einem Anstieg (Abb. 43).

3.3.1.3 Glutamat-Dehydrogenase (GlDH)

Für die mitochondriale GlDH existieren beachtliche zirkadiane Aktivitätsunterschiede, wobei – wie bei der SOD – auch hier die Aktivität der Nullkontrollen und der Placebogruppen um 18 Uhr etwa doppelt so hoch war wie um 9 Uhr.

Applikationen von D 30 und D 200 hatten einen Anstieg der Aktivität in der 18 Uhr-Reihe signifikant gegenüber den Placebogruppen zur Folge.

Für die 9 Uhr-Reihe waren – abgesehen von einer signifikanten durch D 6-Gabe bewirkten Aktivierung – nur Tendenzen erkennbar (Abb. 44).

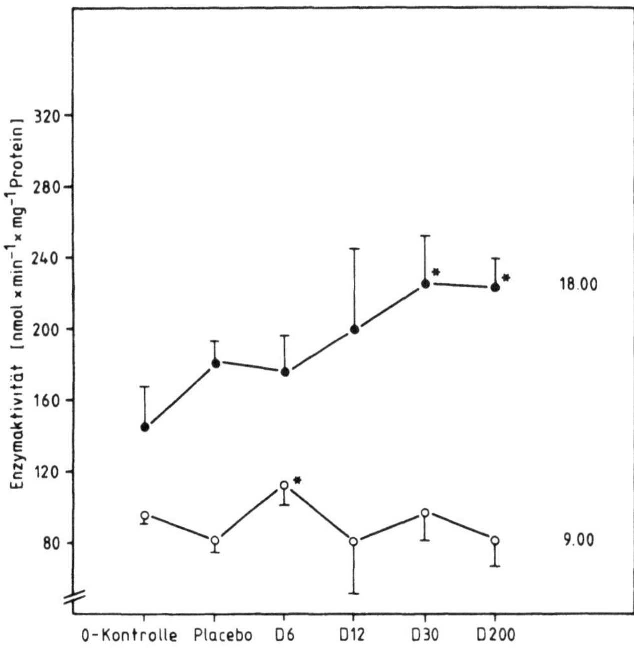

Abb. 44. Mitochondriale Glutamat-Dehydrogenase – Zincum aceticum um 9.00 bzw. 18.00 i.p. (zu 3.3.1.3; aus: s. Legende zu Abb. 42)

3.3.1.4 NADPH-Cytochrom-P450-Reductase (NADPH-CR)

Innerhalb dieser Versuchsreihen wurde auch die nach bisherigen Erkenntnissen nicht zinkabhängige mikrosomale NADPH-CR gemessen. Das hierfür angewandte Chemilumineszenz-Verfahren ergab bei den Nullkontrollen keine tageszeitlichen Unterschiede. Die beiden Placebogruppen zeigten — verursacht durch die Vorbehandlung — größere Abweichungen, und zwar mit niedrigeren Werten in der 9 Uhr- und höheren in der 18 Uhr-Reihe, verglichen mit den jeweiligen Nullkontrollen.

Hinsichtlich der Wirkstoffgruppen lagen um 9 Uhr alle Werte *niedriger,* bei der 18 Uhr-Reihe alle Werte *höher* als die zugehörigen Nullkontrollen. Die Ausnahme bildeten die beiden D 200-Gruppen; sie lagen dementsprechend um 9 Uhr *über* und um 18 Uhr *unter* den Placebo-Werten und Nullkontrollen (Abb. 45).

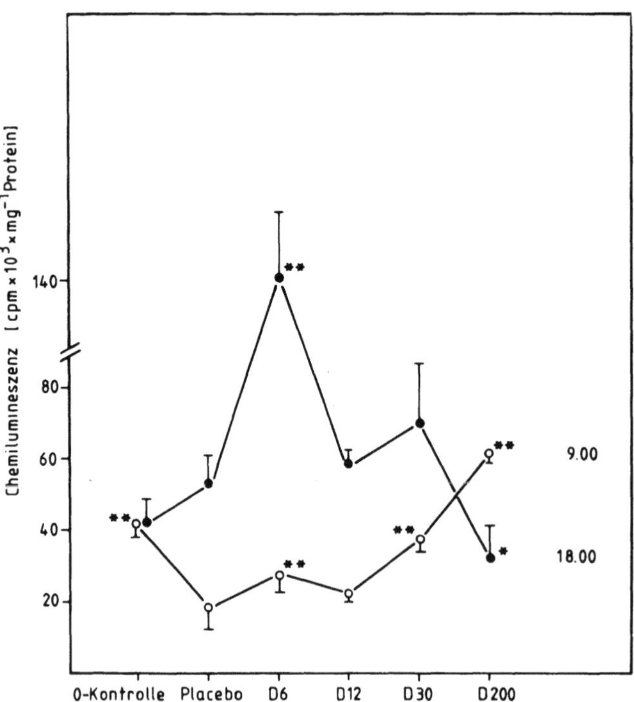

Abb. 45. Mikrosomale NADPH-Cytochrom-P450-Reductase — Zincum aceticum um 9.00 bzw. 18.00 i.p. (zu 3.3.1.4)

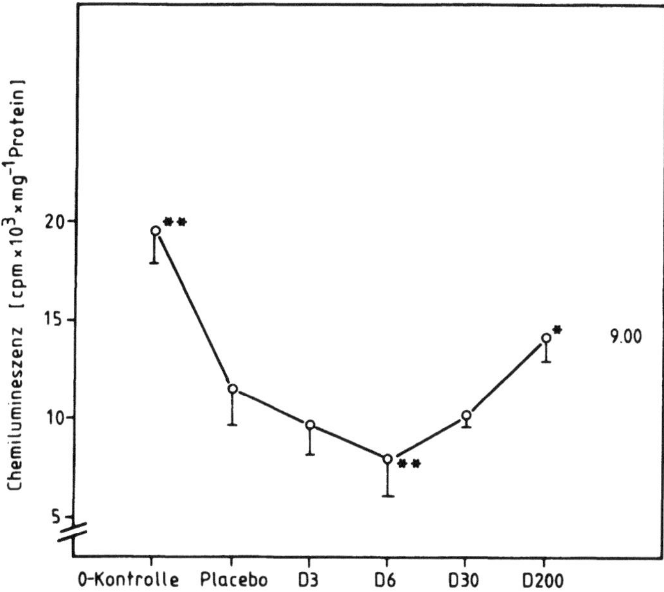

Abb. 46. Mikrosomale NADPH-Cytochrom-P450-Reductase − Zincum aceticum um 9.00 i.p. (Vorversuch; zu 3.3.1.4)

In einer vorausgegangenen Versuchsreihe war für dieses Enzym ein ähnlicher Verlauf gemessen worden (Abb. 46).

3.4 Wertung

Zahlreiche Funktionen des Organismus weisen eine Beziehung zum Zink auf. Eine Übersicht über die im Hinblick auf dieses Experiment und seine Weiterführung als wichtig erachteten Literaturbefunde ist bei 3.1 zusammengestellt.

Bisher galt das Interesse lediglich dem Einfluß von Zincum aceticum auf ausgewählte Enzymaktivitäten in Abhängigkeit von Anzahl und Zeitpunkt der Vorbehandlungen. Weitere Meßgrößen, die eine Einordnung der erhaltenen Ergebnisse erleichtern würden, fehlen noch.

Dennoch ergaben sich eindeutige Hinweise auf Art und Ort der Einflußnahme, die bei der Versuchsweiterführung Beachtung finden müssen:

Das zytosolische Enzym Alkohol-Dehydrogenase zeigte neben sehr geringen zirkadianen Aktivitätsunterschieden auch nur eine mäßig ausgeprägte Beeinflußbarkeit durch die Vorbehandlung mit Zincum aceticum. Hier wird es erforderlich sein, ein anderes zytosolisches Zinkenzym (Bertine and Luchinat, 1983) auszuwählen und seine Beeinflußbarkeit zu untersuchen, bevor der Befund einer möglichen Erklärung zugeführt werden kann.

Mitochondriale Zinkenzyme zeigten demgegenüber sowohl ausgeprägte zirkadiane Aktivitätsunterschiede als auch deutliche Einflüsse der Vorbehandlung mit Zincum aceticum.

Alle Versuche, die mit SOD und GlDH erhaltenen Ergebnisse in bekannte Zusammenhänge einzuordnen, müssen bis zum Vorliegen weiterer Meßgrößen zurückgestellt werden.

Die mikrosomale NADPH-Cytochrom-P450-Reductase, für die keine direkte Zinkabhängigkeit diskutiert wird, zeigt eine relativ deutliche, zirkadian unterschiedliche Beeinflußbarkeit durch Zincum aceticum-Applikationen.

Auch dieses Ergebnis kann ohne Vorliegen weiterer flankierender Erkenntnisse nicht abschließend bewertet werden (s. Cunnane, 1988).

4 *Kalium cyanatum (Kaliumcyanid)*

4.1 *Literaturauswahl*

Die Atmungskette stellt eine strukturell hochgeordnete Sequenz von Elektronencarriern dar (Flavine, Eisen-Schwefel-Komplexe, Ubichinon, Cytochrome, Kupfer-Ionen), die mit Ausnahme von Ubichinon und Cytochrom c als prosthetische Gruppen von Proteinen auftreten (Stryer, 1988, pp. 401–405; Kleber und Schlee, 1987, p. 240). Über diese Carrier-Systeme wird die Gesamtpotientaldifferenz von 1,14 V, die zwischen $NADH/NAD^+$ und $H_2O/2H^+ + \frac{1}{2}\,O_2$ herrscht (Lehninger, 1987, p. 522) schrittweise vermindert und unter beträchtlichem Energieverlust zum Aufbau chemischer Energie in Form von ATP benutzt. ATP zeichnet sich durch eine hohe freie Energie der Hydrolyse aus. In der Reihe der hydrolysierbaren Substanzen jedoch ($\Delta G = -30{,}5$ kJ/mol) nimmt es nur einen Mittelplatz ein (Lehninger, 1987, p. 413). Das Produkt der Atmungskette ist H_2O, wie durch eine Entkopplung mit noch funktionierendem Elektronentransport, aber abgekoppelter ATP-Bildung, bewiesen werden konnte.

Die Atmungskette ist in vier funktionsfähige Komplexe zerlegbar, die nach Rekombination wieder das Gesamtsystem ergeben. Die Gesamtreaktion kann für NADH aus dem Zitratzyklus folgendermaßen zusammengefaßt werden:
- Transport von zwei Elektronen zum Sauerstoff,
- Transport von 12 Protonen von der Matrixseite der inneren Mitochondrienmembran auf deren zytosolische Seite. Zum Ausgleich des H^+-Gradienten fließen die Protonen durch Komplex V wieder in den Matrixraum zurück. An diesen Protonenstrom ist die ATP-Synthese energetisch gekoppelt.

ATP-Synthase (Komplex V) kann funktionell als eine reversibel arbeitende ATP-getriebene Protonenpumpe verstanden werden (Karlson, 1988, p. 326).
— Bildung von 3 ATP.

Stammt das Elektronenpaar aus dem $FADH_2$, so werden 8 Protonen ins Zytosol transportiert und nur 2 ATP gebildet.

Der Transport eines aus dem NADH stammenden Elektronenpaares durch die Atmungskette verursacht einen Protonenüberschuß an der Zytosolseite der inneren Mitochondrienmembran. Damit ist ein Gradient entstanden, dessen Triebfeder die „proton motive force" (PMF) ist und der letztlich gespeicherte Energie darstellt. Die diesem zugrunde liegende Theorie (Mitchell, 1972 und 1976) der chemiosmotischen Kopplung ist keinesfalls in allen Teilen schlüssig bewiesen. Der durch den Elektronentransport entstehende Protonentransport auf die dem Zytosol zugewandte Seite der inneren Mitochondrienmembran ist von einem H^+-Rückstrom begleitet, der über die ATP-Synthase (Komplex V) ermöglicht wird. Nur drei der vier konstitutiv-funktionellen Komplexe (NADH-Ubichinon-Reductase (I), Cytochrom-Reductase (III), Cytochrom-Oxidase (IV) der Atmungskette wirken als Protonenpumpen. Die Succinat-Ubichinon-Reductase (II) bildet die Ausnahme, woraus sich die verringerte Möglichkeit zur ATP-Bildung durch Oxidation von $FADH_2$ gegenüber NADH ergibt. Die Komplexe I, III und IV katalysieren gleichzeitig zwei Prozesse: einerseits den Elektronentransport zwischen den Redoxzentren *innerhalb* der Membran, andererseits den vektoriellen Transport von Protonen *durch* die Membran. Erst diese Doppelfunktion ermöglicht die Umwandlung von Redoxenergie in Energie eines elektrochemischen Potentials (Karlson, 1988, p. 320).

Die Ereignisse, die sich in den Atmungsstrukturen abspielen, können etwa so zusammengefaßt werden:

Die Atmungsstrukturen enthalten zahlreiche Elektronencarrier, wie z.B. die Cytochrome. Der schrittweise Übergang von Elektronen aus dem NADH oder dem $FADH_2$ zum Sauerstoff durch diese Carrier führt zum Herauspumpen von Protonen aus dem mitochondrialen Matrixraum in das Zytosol. Es entsteht eine PMF, die aus einem pH-Gradienten und einem Transmembranpotential besteht. ATP wird synthetisiert, wenn über einen spezifischen Enzymkomplex Protonen aus dem Zytosol in den Matrixraum des Mitochondriums zurücktransportiert werden. Auf diese Weise sind Oxidation und Phosphorylierung durch einen Protonengradienten miteinander verbunden (Stryer, 1988, p. 398).

Die erwähnte Entkopplung der Atmungskette muß von einer selektiven Hemmung der einzelnen Komplexe unterschieden werden. Barbiturate hemmen beispielsweise Komplex I, so daß die Atmungskette nur über eine Elektronen-Einspeisung aus $FADH_2$ funktionieren kann.

Antimycin A hemmt den Elektronenübergang zwischen Cytochrom b und Cytochrom c_1. Cyanid, Azid und CO binden an Cytochrome der Cytochrom-Oxidase und sind somit Hemmstoffe für Komplex IV.

Cyanid-Ionen wurden in einem der zu beschreibenden Versuche eingesetzt, um mögliche Effekte innerhalb der mitochondrialen Atmung zu erhalten. Da Cyanid-Ionen den Elektronenfluß innerhalb der Cytochrom-Oxidase (Komplex IV) blockieren, ebenso wie auch Azid und CO, soll hier nur auf die strukturellen und funktionellen Eigenheiten dieses Enzymkomplexes eingegangen werden. Cytochrom-Oxidase überträgt Elektronen von Cytochrom c auf molekularen Sauerstoff. Der Enzymkomplex besteht aus mindestens acht Untereinheiten. Zwei davon sind Häm A-Anteile, die zwar chemisch identisch, aber topologisch unterschiedlich angeordnet und daher als Häm a und Häm a_3 bezeichnet werden. Ebenso finden sich zwei Cu-Atome, die an zwei verschiedene Proteinanteile des Komplexes gebunden sind und Cu_A bzw. Cu_B genannt werden. Ein drittes vorhandenes Kupferatom scheint keine funktionelle Bedeutung zu besitzen. Häm a ist zu Cu_A und Häm a_3 zu Cu_B benachbart. Die kompletten Redoxeinheiten der Oxidase bezeichnet man als Cytochrom a und Cytochrom a_3. Ferrocytochrom c gibt sein Elektron an den Häm a-Cu_A-Anteil ab. Dann wird ein Elektron auf den Häm a_3-Cu_B-Anteil übertragen. O_2 wird dann, gebunden zwischen Fe^{2+} und Cu^+ des a_3-Cu_B Anteils, schrittweise zu zwei Molekülen H_2O reduziert. Der durch die Cytochrom-Oxidase katalysierte Reaktionsverlauf kann folgendermaßen beschrieben werden: Auf diesen Komplex wird ein Elektron aus einer a-Cu_A-Einheit übertragen, und es entsteht ein Ferryl-Intermediat, in welchem Fe^{4+} vorhanden ist (1. Reaktionsschritt). Ein zweites Elektron führt zur Bildung und Freisetzung von Wasser, während ein Hydroxidion und Fe^{3+} am Komplex gebunden bleiben (2. Reaktionsschritt). Das Cu^{2+} des Komplexes wird durch ein drittes Elektron zu Cu^+ reduziert (3. Reaktionsschritt). Nach Eintritt von einem weiteren Molekül O_2 und einem vierten Elektron entstehen Wasser und ein gebundenes Sauerstoffdianion ($Fe^{3+}-O^--O^--Cu^{2+}$; 4. Reaktionsschritt). In den Reaktionsschritten 1, 2 und 4 treten zusammen mit Elektronen auch Protonen in das System ein (Stryer, 1988, pp. 405–407).

Cyanid-Ionen reagieren mit der Fe^{3+}-Form des Häm a_3 und blockieren auf diese Weise die oben beschriebene Reaktion, d.h. die Reduktion des Sauerstoffs unterbleibt.

Die Reduktion des Sauerstoffs beinhaltet jedoch auch Gefahren (Stryer, 1988, p. 406). Die Übertragung von vier Elektronen durch Komplex IV führt zu zwei Molekülen des stabilen Produktes Wasser. Eine Teilreduktion läßt jedoch sehr reaktive Sauerstoffspezies entstehen. Durch Einelektronenübertragung entsteht das Superoxidanionradikal. Sauerstoff muß fest zwischen ein Cytochrom Fe^{2+} und ein Cu^+ seiner a_3-Cu_B-Einheit des Komplexes IV eingebunden werden, wenn die Entstehung dieses Einelektronenreduktionsproduktes verhindert werden soll.

Es können jedoch bis zu 5% des molekularen Sauerstoffs abgezweigt und zum Superoxidanionradikal reduziert werden (Fridovich, 1978). Dazu dürften etwa 1 bis 2% der durch die Atmungskette fließenden Elektronen zur Verfügung stehen (Nohl, 1981). Eine „unerwünschte" Einelektronenreduktion von Sauerstoff kann auch von der Stufe des Ubisemichinons ausgehen.

4.2 Methodik

An männliche Wistar-Ratten (Körpergewicht 310 $\pm$ 10 g) in Einzelhaltung (Haltungsbedingungen s. 1.2) wurde an sieben aufeinanderfolgenden Tagen jeweils um 9 Uhr eine Milchzuckertablette Kalium cyanatum D 4, D 6, D 8, D 12, D 30, D 60,

D 200 bzw. D 1000 oral verabreicht. Eine Placebogruppe erhielt Milchzuckertabletten ohne Wirkstoff. Daneben gab es eine unbehandelte Nullkontrolle. Die Gruppengröße betrug sechs Tiere.

Am achten Tag, d.h. 24 Stunden nach der letzten Einzelapplikation, wurde nach Ethernarkose (Einzelheiten s. 1.2) und Entbluten den Tieren die Leber mit Hilfe des Frierstoppverfahrens entnommen, gepulvert und unter flüssigem Stickstoff bis zur Aufarbeitung gelagert (s. 3.2 f).

Die Gewinnung der bei den Untersuchungen eingesetzten subzellulären Partikel bzw. des Zytosols erfolgte entsprechend den Angaben unter 3.2.

Parameter und Statistik

Sauerstoffverbrauch (Richter, 1989) und Succinat-Dehydrogenase (Kramar, 1971) wurden als mitochondriale Parameter gewählt, Xanthin-Oxidase als zytosolischer (Methode: 1 ml 0,33 M Phosphatpuffer, pH 7,6, 50 µl 15 mM KCN, 5 µl 6.4 mM Xanthin, 200 µl 5 mM Lucigenin, 100 µl Zytosol; Präparation Zytosol s. 3.2 g) und NADPH-Cytochrom-P450-Reductase (Phillips and Langdon, 1962; Harisch and Kretschmer, 1989) als mikrosomaler Parameter.

Die erhaltenen Ergebnisse wurden einer Varianzanalyse unterworfen. Anschließend erfolgte Mittelwertsvergleich mit Hilfe des Student-Newman-Keuls-Testes.

4.3 Ergebnisse

4.3.1 Mitochondriale Parameter

4.3.1.1 Sauerstoffverbrauch

Der mit Hilfe der Polarographie ermittelte Sauerstoffverbrauch der Mitochondrien liegt nach Applikation von Kalium cyanatum D 4 bzw. D 30 höher als bei der Placebogruppe (Abb. 47).

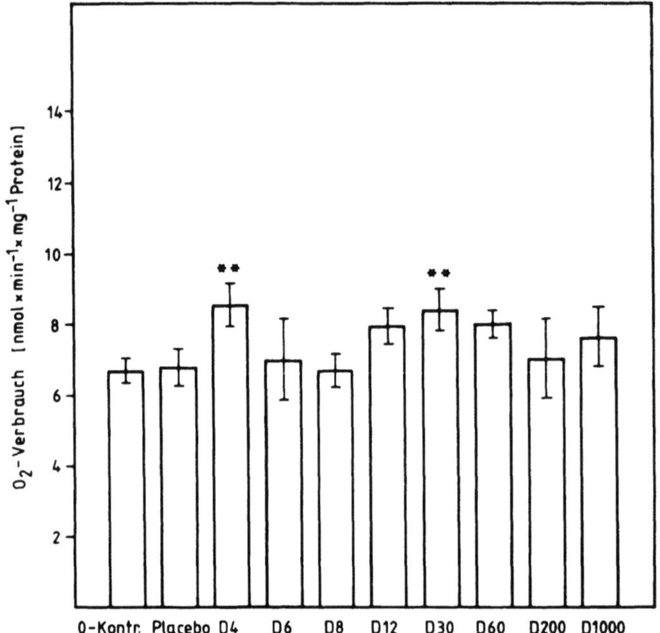

Abb. 47. Polarographische Bestimmung des mitochondrialen Sauerstoff-Verbrauchs − Kalium cyanatum p.o. (zu 4.3.1.1)

4.3.1.2 Succinat-Dehydrogenase

Infolge erheblicher Einzelwertestreuungen ergaben sich keine signifikanten Unterschiede (Abb. 48). Die Meßwerte zeigten hinsichtlich der relativen Abweichungen von der Placebogruppe gewisse Ähnlichkeiten mit den polarographischen Ergebnissen (vgl. Abb. 47).

4.3.2 Zytosolische Parameter

4.3.2.1 Xanthin-Oxidase (XO)

Die Aktivität der XO stieg nach Gaben von Kalium cyanatum D 4 bzw. D 30 über den Placebomittelwert an (Abb. 49). Auch hier zeigten sich tendenzielle Ähnlichkeiten mit den durch

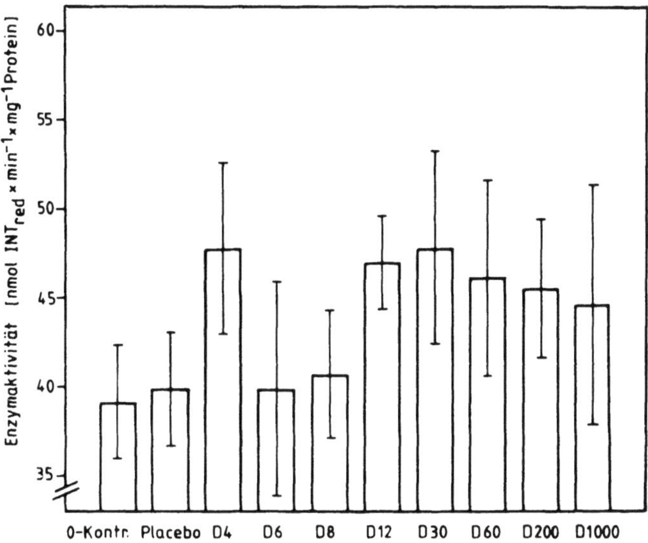

Abb. 48. Mitochondriale Succinat-Dehydrogenase − Kalium cyanatum p.o. (zu 4.3.1.2)

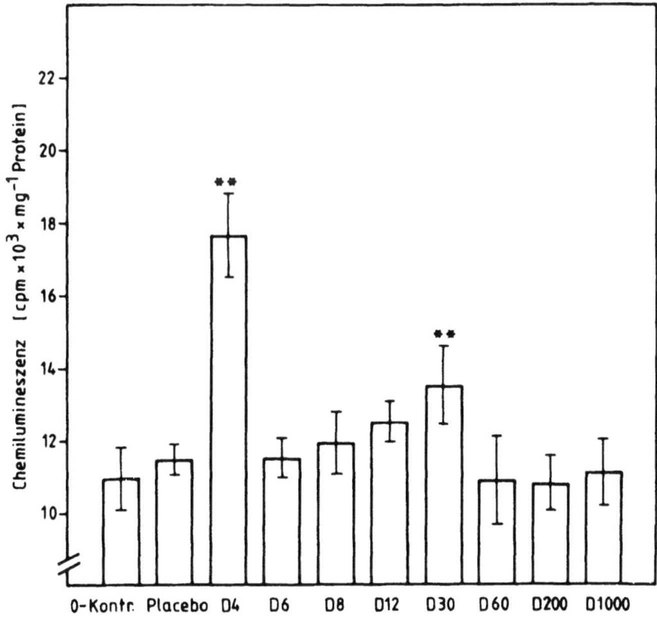

Abb. 49. Zytosolische Xanthin-Oxidase − Kalium cyanatum p.o. (zu 4.3.2.1)

Kalium cyanatum verursachten Änderungen des Sauerstoffverbrauches der Mitochondrien (vgl. Abb. 47).

4.3.3 Mikrosomale Parameter

4.3.3.1 NADPH-Cytochrom-P450-Reductase (NADPH-CR)

Die Aktivität der NADPH-CR war besonders durch Gaben von Kalium cyanatum D 4 bzw. D 30 aktivierbar (Abb. 50).

4.4 Wertung

Bereits mehrfach wurde auf die beiden Möglichkeiten der Zuordnung eines hinsichtlich seiner Effekte zu testenden Homöopathikums und der dafür in Frage kommenden Meßgrö-

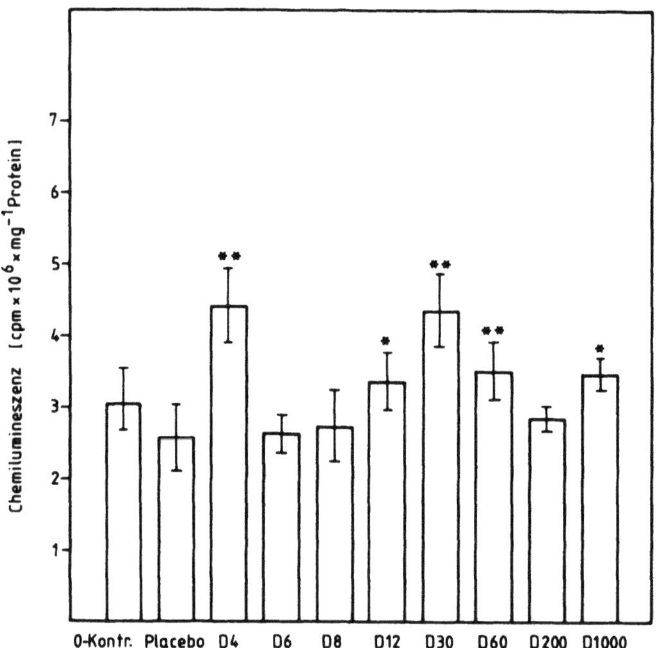

Abb. 50. Mikrosomale NADPH-Cytochrom-P450-Reductase − Kalium cyanatum p.o. (zu 4.3.3.1)

ßen hingewiesen. Einerseits kann diese Zuordnung aufgrund therapeutischer Gepflogenheiten erfolgen, andererseits können bekannte biochemische Zusammenhänge für eine Effektfindung herangezogen werden.

Da im Rahmen biochemischer Versuche in der Regel nur eine oder wenige Teilfunktionen untersucht werden können, greift die erste der beiden Möglichkeiten in dieser Initialphase der homöopathischen Grundlagenforschung häufig nicht.

Für die Untersuchungen der Kalium cyanatum-Effekte wurde die zweite Möglichkeit zur Parameterwahl herangezogen. Bis zu diesem Zeitpunkt konnten jedoch nur einige diesbezügliche Möglichkeiten ausgeschöpft werden. Insbesondere eine Aktivitätsbestimmung der Cytochrom-Oxidase, die, wie aus der Literaturübersicht (s. 4.1) entnommen werden kann, cyanidempfindlich ist, könnte Aufschluß geben.

Es ergab sich eine Reihe von qualitativ gleichartigen Effekten, deren Ausprägung nicht an ein bestimmtes subzelluläres Kompartment gebunden ist:
Kalium cyanatum D 4 und D 30 verursachten sowohl eine Intensivierung der mitochondrialen Atmung als auch eine gleichsinnige (allerdings nicht statistisch signifikante) Beeinflussung der Aktivität der Succinat-Dehydrogenase.

Gleichzeitig führten diese beiden Potenzen auch zu einer Aktivierung der Xanthin-Oxidase und der mikrosomalen NADPH-Cytochrom-P450-Reductase. Somit sind Hinweise vorhanden, daß Kalium cyanatum D 4 und D 30 den Sauerstoffverbrauch der Leberzelle erhöhen, was die Aktivierung bestimmter sauerstoffabhängiger Funktionen zur Folge hat.

Wie erwähnt, konnten bisher nicht alle Möglichkeiten zur Effektfindung ausgeschöpft werden. Die präsentierten Ergebnisse zeigen jedoch die Richtung, deren Einhaltung höchstwahrscheinlich zur Auffindung weiterer relevanter Befunde führt.

Eine Aussage zu den Effekten, die von Homöopathika in Potenzierungen jenseits der durch die Loschmidtsche Zahl gegebenen Grenze verursacht wurden, kann nicht gemacht werden. Auch Überlegungen darüber anzustellen, ist aufgrund fehlender Daten sinnlos. Untersuchungen zur Klärung der diesbezüglichen Probleme können nicht ausschließlich vom Fachgebiet der Biochemie abgedeckt werden.

Jede Kalium cyanatum-Potenz könnte zukünftig auch mit einer Tiergruppe verglichen werden, an die bis zu der entsprechenden Stufe potenzierter Milchzucker verabreicht wurde. Der dafür erforderliche Zeitrahmen ist beträchtlich größer. Aufgrunddessen wurde hier zunächst nur mit einer Placebogruppe verglichen.

Zukünftig soll auch überprüft werden, wie sich die Verabreichung von Kalium cyanatum in anderen Organen als der Leber auswirkt und ob tageszeitliche Wirkungsunterschiede bestehen.

5 Ferrum phosphoricum (Eisenphosphat, FePO$_4$)

5.1 Literaturauswahl

Die große Vielfalt eisen- bzw. phosphatabhängiger Funktionen des Organismus ließ eine einführende Literaturauswahl hier nicht sinnvoll erscheinen.

5.2 Methodik

An einzelgehaltene männliche Wistar-Ratten (Körpergewicht 230 ± 10 g; Haltungsbedingungen s. 1.2) wurde an sieben aufeinanderfolgenden Tagen jeweils um 9 Uhr und 18 Uhr eine Milchzuckertablette Ferrum phosphoricum D 4, D 6, D 8, D 12, D 30, D 200 bzw. D 1000 oral verabreicht. Die Nullkontrolle blieb unbehandelt. Eine Placebogruppe erhielt wirkstofffreie Milchzuckertabletten. Die Gruppengröße betrug sechs Tiere.

Die Probennahme erfolgte am 8. Tag zwischen 9 und 10 Uhr. Nach Ethernarkose (s. 1.2) und Entbluten wurden die Leberproben nach dem Frierstoppverfahren gewonnen und in flüssigem Stickstoff bis zur Aufarbeitung gelagert (s. 2.2).

Die Präparation der für die Untersuchungen erforderlichen Mitochondrien, Mikrosomen bzw. des Zytosols ist unter 3.2 beschrieben.

Parameter und Statistik

In Mitochondrien wurden gemessen:
Sauerstoffverbrauch (Richter, 1989)
Glutathion-Peroxidase mit H$_2$O$_2$ oder Cumen-OOH
  als Substrat (Lawrence and Burk, 1976)
Glutathion-Reductase (Eriksson et al., 1974)
Superoxid-Dismutase (Mc Cord and Fridovich, 1969;
  Beauchamp and Fridovich, 1971)
Succinat-Dehydrogenase (Kramar, 1971)

Im Zytosol wurden gemessen:
Glutathion-Peroxidase mit H$_2$O$_2$ oder Cumen-OOH
  als Substrat
Glutathion-Reductase
Superoxid-Dismutase
Xanthin-Oxidase (s. 4.2)

In Mikrosomen wurde gemessen:
NADPH-Cytochrom-P450-Reductase
  (Harisch and Kretschmer, 1989)

Die erhaltenen Ergebnisse wurden einer Varianzanalyse
unterzogen. Die Mittelwerte wurden in bezug auf die Placebogruppe mit dem Student-Newman-Keuls-Test verglichen.

5.3 Ergebnisse

5.3.1 Mitochondriale Parameter

5.3.1.1 Polarographische Messungen

Sieben Einzeldosen Ferrum phosphoricum D 8, D 12 bzw. D 30
senkten den Sauerstoffverbrauch der Mitochondrien − verglichen mit dem Placebogruppen-Mittelwert − um etwa 30%.
Beachtenswert ist, daß die Verabreichung von 7 Milchzucker-
Placebos einen Anstieg des Sauerstoffverbrauches gegenüber
der unbehandelten Nullkontrolle zur Folge hatte (Abb. 51).

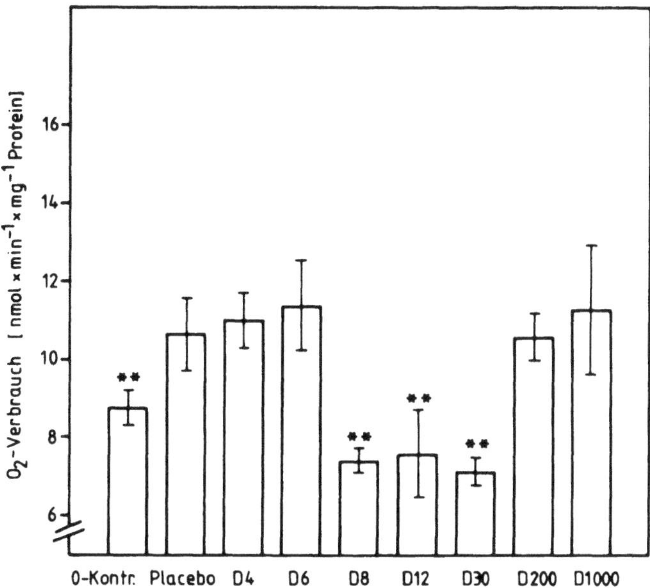

Abb. 51. Polarographische Bestimmung des mitochondrialen Sauerstoff-Verbrauchs − Ferrum phosphoricum p.o. (zu 5.3.1.1)

5.3.1.2 Glutathion-Peroxidase mit H_2O_2 oder Cumen-OOH als Substrat

Dieses Enzym zeigte mit beiden Substraten einen nahezu übereinstimmenden Verlauf. Sieben Einzelgaben Ferrum phosphoricum D 4, D 8, D 30, D 200 und D 1000 ließen die Aktivität unter den Placebomittelwert absinken (Abb. 52). Eine Ähnlichkeit mit den polarographischen Ergebnissen ist nicht zu erkennen.

5.3.1.3 Glutathion-Reductase

Eine weitgehend ähnliche Aktivitätsdepression wie für die mitochondriale Glutathion-Peroxidase wurde auch für die mitochondriale Fraktion der Glutathion-Reductase gefunden: Gaben von

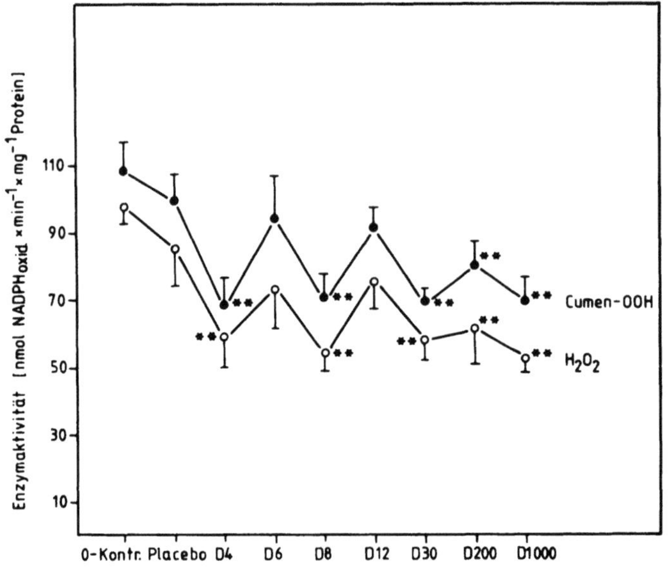

Abb. 52. Mitochondriale Glutathion-Peroxidase mit H_2O_2 bzw. Cumenhydroperoxid (Cumen-OOH) als Substrat − Ferrum phosphoricum p.o. (zu 5.3.1.2)

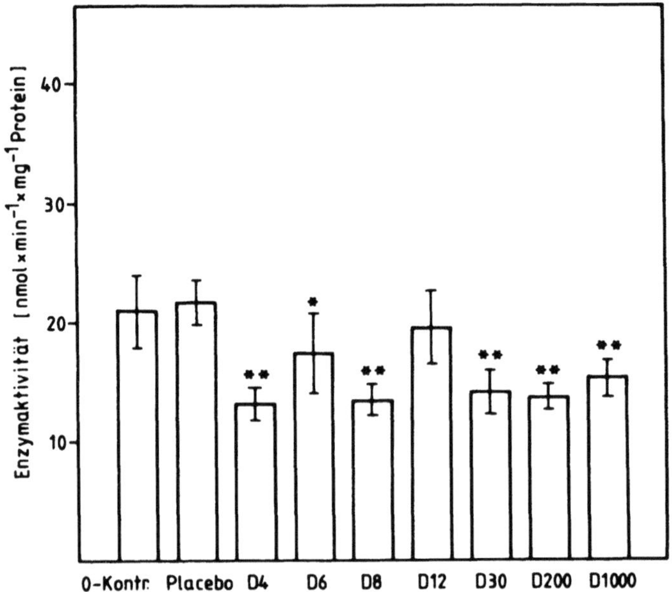

Abb. 53. Mitochondriale Glutathion-Reductase − Ferrum phosphoricum p.o. (zu 5.3.1.3)

Ferrum phosphoricum D 4, D 8, D 30, D 200 bzw. D 1000 verursachten eine deutliche Absenkung der Aktivität (Abb. 53).
Eine Ähnlichkeit mit den polarographischen Ergebnissen ist
auch hier nicht vorhanden.

5.3.1.4 Superoxid-Dismutase

Durch Verabreichung von Ferrum phosphoricum D 8, D 12 und
D 30 wurde die Aktivität unter das Placebo-Niveau abgesenkt
(Abb. 54). Hier findet sich eine ausgeprägte Ähnlichkeit mit den
polarographischen Ergebnissen (vgl. Abb. 51).

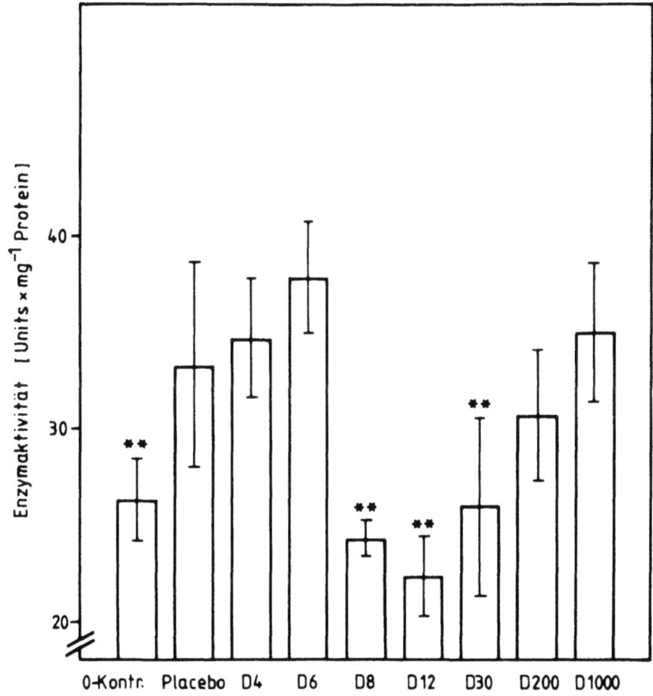

Abb. 54. Mitochondriale Superoxid-Dismutase − Ferrum phosphoricum p.o.
(zu 5.3.1.4)

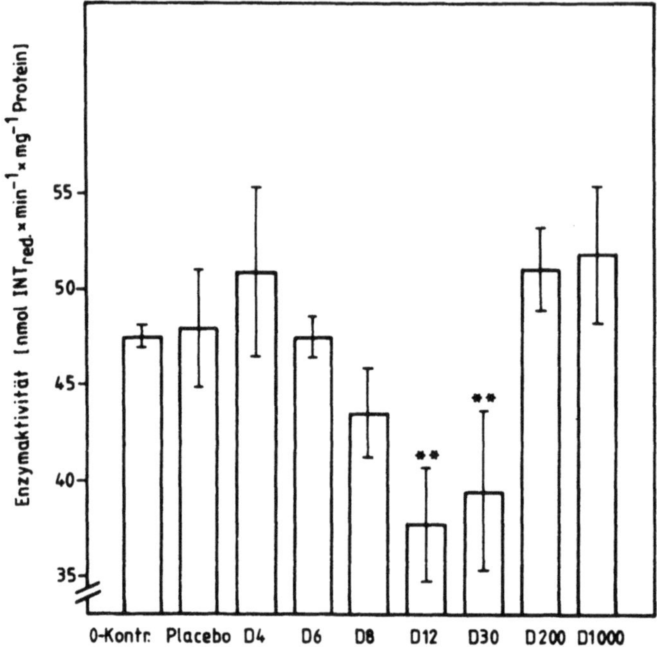

Abb. 55. Mitochondriale Succinat-Dehydrogenase − Ferrum phosphoricum p.o. (zu 5.3.1.5)

5.3.1.5 Succinat-Dehydrogenase

Die Aktivität der Succinat-Dehydrogenase sank durch Verabreichungen von Ferrum phosphoricum D 12 bzw. D 30 unter den Placebowert (Abb. 55).

5.3.2 Zytosolische Parameter

5.3.2.1 Glutathion-Peroxidase mit H$_2$O$_2$ oder Cumen-OOH als Substrat

Dieses Enzym konnte nach Maßgabe des hier angewandten Versuchsansatzes nicht durch Gaben von Ferrum phosphoricum beeinflußt werden (Abb. 56).

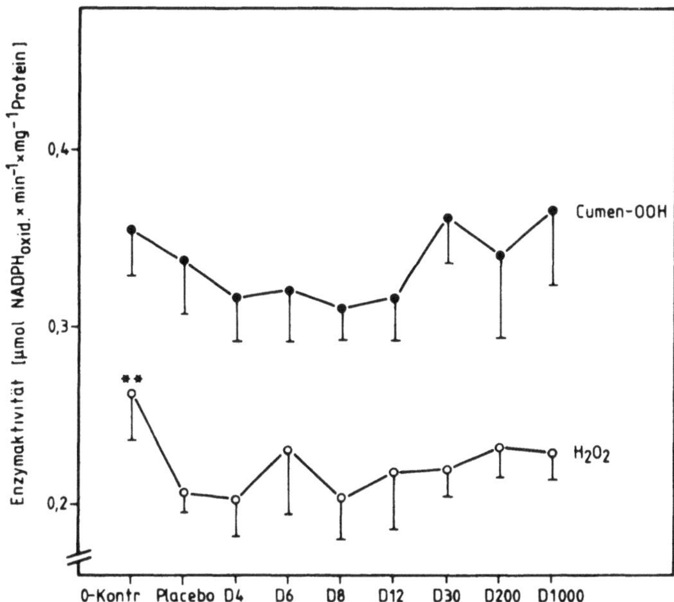

Abb. 56. Zytosolische Glutathion-Peroxidase mit H_2O_2 bzw. Cumenhydroperoxid (Cumen-OOH) als Substrat − Ferrum phosphoricum p.o. (zu 5.3.2.1)

5.3.2.2 Glutathion-Reductase

Bei der zytosolischen Fraktion der Glutathion-Reductase ließ sich mit Gaben von Ferrum phosphoricum D 8 eine Aktivitätsdepression unter den Placebomittelwert erreichen (Abb. 57). Eine Vorbehandlung mit anderen Potenzen ergab keine Effekte.

5.3.2.3 Superoxid-Dismutase

Die Verabreichung von Ferrum phosphoricum verursachte nur geringfügige Veränderungen der Enzymaktivität (Abb. 58).

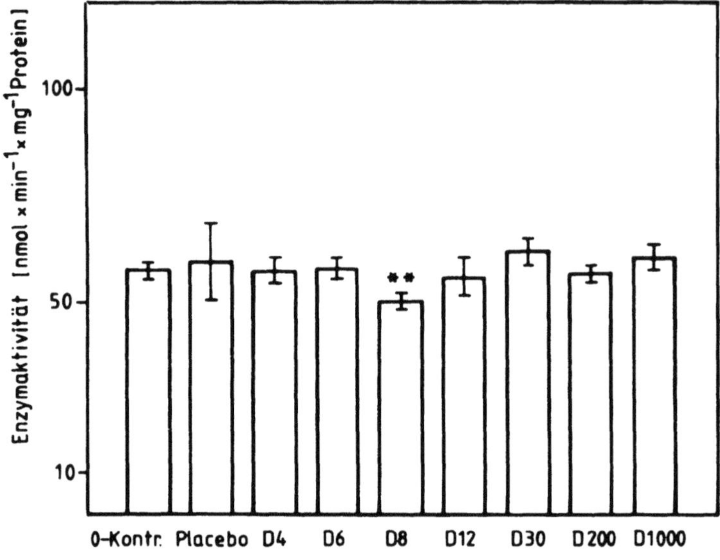

Abb. 57. Zytosolische Glutathion-Reductase − Ferrum phosphoricum p.o.
(zu 5.3.2.2)

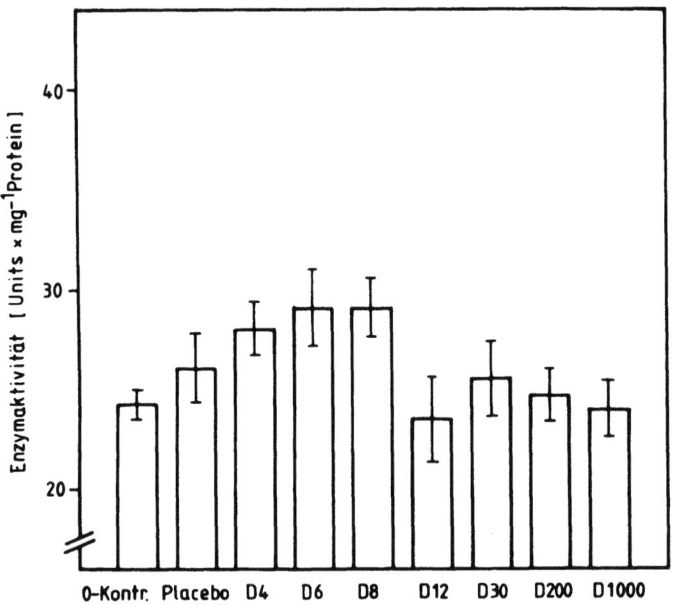

Abb. 58. Zytosolische Superoxid-Dismutase − Ferrum phosphoricum p.o.
(zu 5.3.2.3)

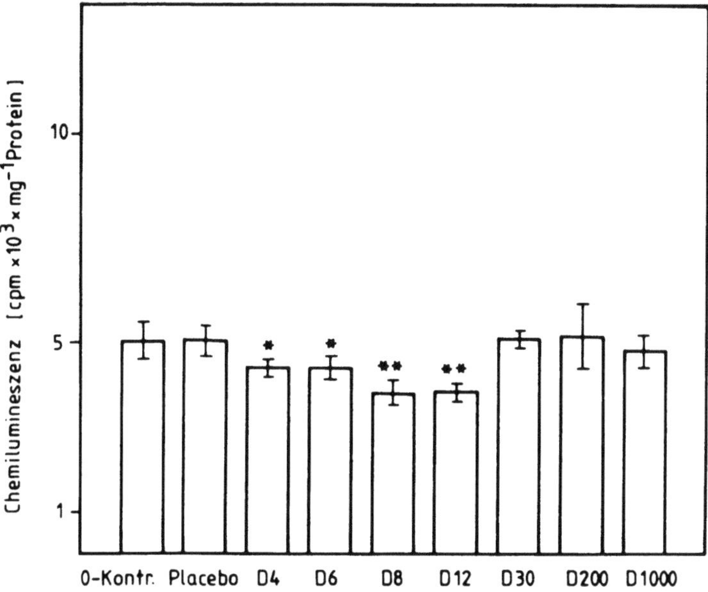

Abb. 59. Zytosolische Xanthin-Oxidase — Ferrum phosphoricum p.o. (zu 5.3.2.4)

5.3.2.4 Xanthin-Oxidase

Die Applikationen von Ferrum phosphoricum D 4, D 8 und D 12 führten zu einer Depression der Xanthin-Oxidase-Aktivität (Abb. 59), die bei D 8 und D 12 am stärksten ausgeprägt war.

5.3.2.5 GSH-Konzentration

Eine Vorbehandlung der Tiere mit Ferrum phosphoricum verursachte Absenkungen der GSH-Konzentrationen im Lebergesamthomogenat (Abb. 60), die am deutlichsten bei D 12 und D 30 auftraten.

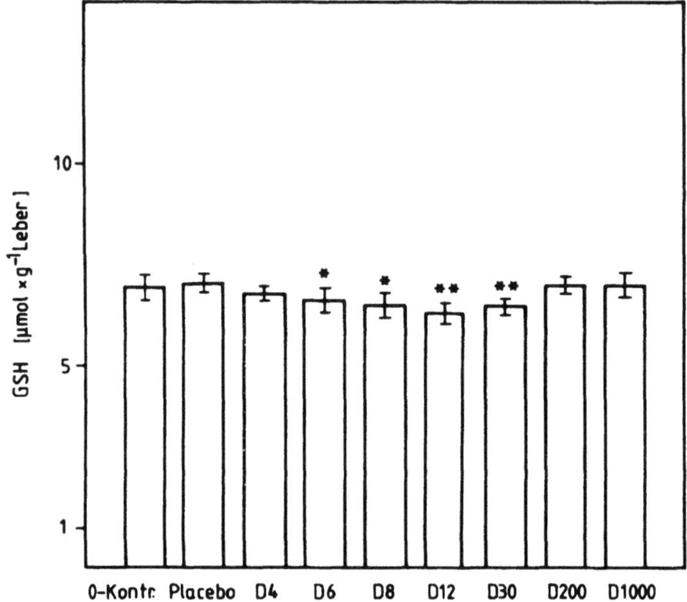

Abb. 60. Glutathion-Konzentration im Leber-Gesamthomogenat − Ferrum phosphoricum p.o. (zu 5.3.2.5)

5.3.3 Mikrosomale Parameter

5.3.3.1 NADPH-Cytochrom-P450-Reductase

Mit Verabreichungen von Ferrum phosphoricum D 30 ließ sich eine deutliche Absenkung der Aktivität der mikrosomalen NADPH-Cytochrom-P450-Reductase erzielen. Entsprechend wirkten Gaben von D 12 und D 200 (Abb. 61).

5.4 Wertung

Aufgrund der vielfältigen Funktionen, die sowohl Eisen- als auch Phosphationen im Intermediärstoffwechsel zuzuschreiben sind, erschien es erfolgversprechend, nach Effekten zu suchen, die von Ferrum phosphoricum ausgeübt werden. Eine Voraus-

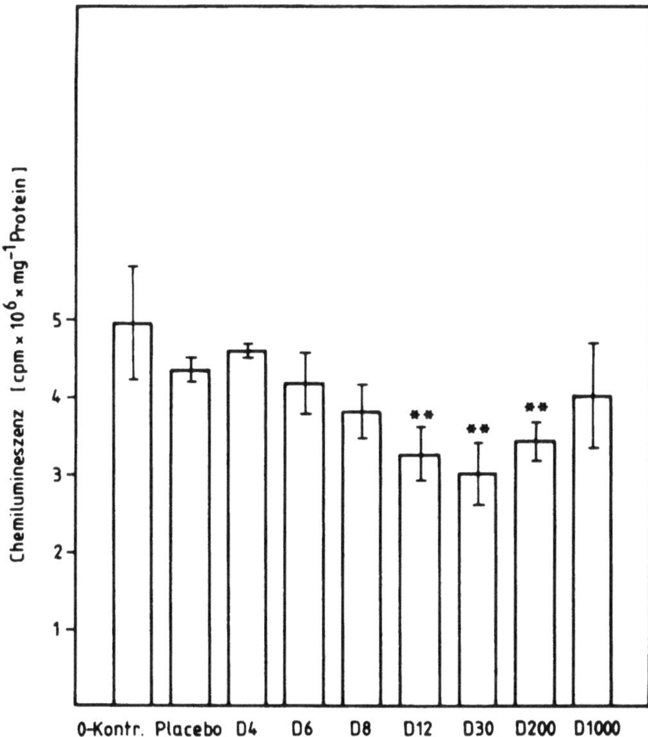

Abb. 61. Mikrosomale NADPH-Cytochrom-P450-Reductase − Ferrum phosphoricum p.o. (zu 5.3.3.1)

sage, wo solche Effekte nachweisbar sein würden, konnte nicht gegeben werden. Das Netz der Meßgrößen war in dieser Phase der Untersuchungen noch sehr weitmaschig.

Bei der Sichtung der unter oben genannten Voraussetzungen erhaltenen sehr heterogenen Ergebnisse fällt auf, daß alle aufgefundenen Effekte eine Depression der Enzymaktivitäten unter den Vergleichswert (Placebogruppe) deutlich werden lassen.

Es ist jedoch nicht zulässig, diese Besonderheit im Sinne eines abschließenden Urteils als spezifisch für Ferrum phosphoricum zu statuieren. Bevor nicht weitere Parameter auf eine mögliche Einflußnahme durch Ferrum phosphoricum untersucht worden sind, kann eine Aktivierung nicht ausgeschlossen werden (vgl. 2.3.3.2).

Bei genauer Betrachtung der Ergebnisse zeigt sich, daß die bei den polarographischen Messungen deutliche Verringerung des Sauerstoffverbrauches der Mitochondrien durch Ferrum phosphoricum D 8, D 12 und D 30 keinen Einzelfall darstellt, sondern ihre Entsprechung in Aktivitätsdepressionen der mitochondrialen Enzyme Superoxid-Dismutase und Succinat-Dehydrogenase findet (s. auch 2.3).

Hier ergeben sich mehrere Ansatzpunkte für eine gezielte Fortführung der begonnenen Untersuchungen.

Auch eine Beeinflussung der Konzentration des Tripeptids GSH, gemessen im Gesamt-Leberhomogenat, wurde gefunden. Dies weist auf eine von Ferrum phosphoricum D 8, D 12 und D 30 bewirkte Verschiebung der Thiol-Disulfid-Funktionen der Zelle zu Gunsten der Disulfide hin. Veränderungen der zytosolischen GPO-Aktivität, einer GSH-abhängigen Funktion, sind nur angedeutet. Der zytosolische Anteil der Glutathion-Reductase sank signifikant nur nach Gaben von Ferrum phosphoricum D 8. Die zytosolische, sauerstoffabhängige Xanthin-Oxidase zeigte nach Vorbehandlung mit Ferrum phosphoricum D 8 und D 12 niedrigere Aktivitätswerte. Bei der mikrosomalen NADPH-CR war die deutlichste Aktivitätsdepression nach Ferrum phosphoricum D 30-Gaben meßbar. Erklärungen dieser Effekte wären derzeit noch Spekulation und sollen hier unterbleiben.

Zum einen wird sich die Weiteruntersuchung der Effekte auf die Steuerung der sauerstoffabhängigen Funktionen der Leberzelle konzentrieren müssen und zum anderen auf die Regulationsvorgänge bei der Beeinflussung der Thiol-Disulfid-Ausstattung des Hepatozyten.

Auch das Verhalten anderer Organe als der Leber muß dabei mit einbezogen werden.

6 Adrenalinum (Adrenalin)

6.1 Literaturauswahl

Aufgrund der vielfältigen Funktionen des Adrenalins im Gesamtorganismus wäre eine Literaturübersicht sehr umfangreich geworden und entfällt daher.

6.2 Methodik

Männliche Wistar-Ratten (Körpergewicht 280 ± 10 g) in Einzelhaltung (s. 1.2) erhielten siebenmal jeweils um 9 Uhr eine Milchzuckertablette Adrenalinum D 4, D 6, D 8, D 12, D 30, D 200 bzw. D 1000 oral verabreicht. An eine Placebogruppe wurden Milchzuckertabletten ohne Wirkstoff gegeben, die Nullkontrollgruppe blieb unbehandelt. Die Gruppengröße betrug jeweils sechs Tiere.

24 Stunden nach der letzten Einzelapplikation erfolgte nach Ethernarkose und Entbluten die Entnahme der Leber mit Hilfe des Frierstoppverfahrens (s. 1.2). Die fein gepulverten Leberproben wurden bis zur Aufarbeitung unter flüssigem Stickstoff gelagert.

Die Präparation der für die Untersuchungen erforderlichen subzellulären Partikel und des Zytosols erfolgte entsprechend den Angaben unter 3.2.

Parameter und Statistik

Mitochondriale Parameter:
Sauerstoffverbrauch

Glutathion-Peroxidase mit H_2O_2 oder Cumen-OOH
  als Substrat

Zytosolische Parameter:
Glutathion-Peroxidase mit H_2O_2 oder Cumen-OOH
  als Substrat
GSH-S-Transferasen mit 1-Chlor-2,4-dinitrobenzol (CDNB)
  als Substrat (Habig et al., 1974)
Xanthin-Oxidase (s. 4.2)
GSH-Konzentration (Harisch et al., 1979)

Mikrosomale Parameter:
GSH-S-Transferasen mit 1-Chlor-2,4-dinitrobenzol (CDNB) als
  Substrat
NADPH-Cytochrom-P450-Reductase

Die Einzelwerte wurden einer Varianzanalyse unterzogen.
Anschließend erfolgte ein Vergleich der Mittelwerte mit Hilfe
des Student-Newman-Keuls-Testes.

6.3 Ergebnisse

6.3.1 Mitochondriale Parameter

6.3.1.1 Sauerstoffverbrauch

Der mit Hilfe einer polarographischen Methode ermittelte
Sauerstoffverbrauch war besonders erhöht nach Vorbehand-
lung mit Adrenalinum D 4, D 8 bzw. D 12, vergleichen mit der
Placebogruppe (Abb. 62).

6.3.1.2 Glutathion-Peroxidase

Die Aktivität der Glutathion-Peroxidase wurde durch Vorbehandlung mit Adrenalinum D 4, D 12 und D 30 (mit H_2O_2 als
Substrat auch D 8) unter den Wert für die Placebogruppe abgesenkt (Abb. 63).

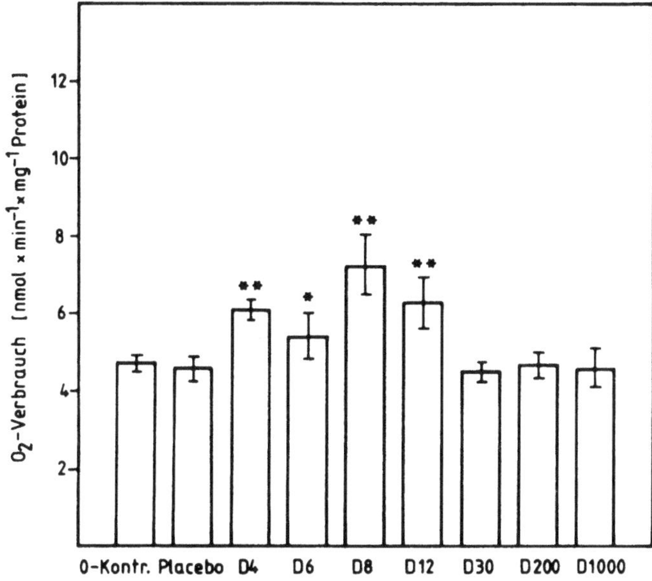

Abb. 62. Polarographische Bestimmung des mitochondrialen Sauerstoff-Verbrauchs − Adrenalinum p.o. (zu 6.3.1.1)

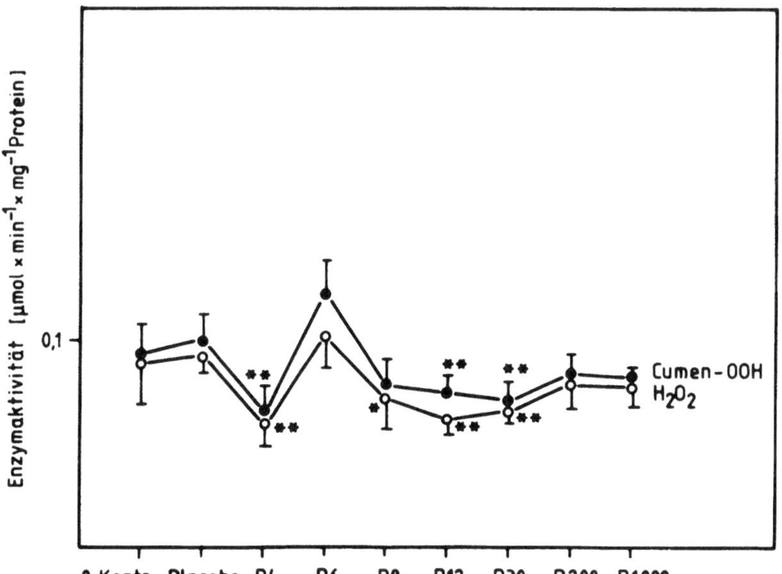

Abb. 63. Mitochondriale Glutathion-Peroxidase mit H_2O_2 bzw. Cumenhydroperoxid (Cumen-OOH) als Substrat − Adrenalinum p.o. (zu 6.3.1.2)

6.3.2 Zytosolische Parameter

6.3.2.1 Glutathion-Peroxidase

Mit H_2O_2 als Substrat wurde die Aktivität des zytosolischen Anteils der Glutathion-Peroxidase durch die Adrenalinum-Potenzen D 8 und D 12 verringert. Wird dem Enzym Cumen-OOH als Substrat angeboten, so ergeben sich keine Beeinflussungen (Abb. 64).

6.3.2.2 Glutathion-S-Transferasen

Die Aktivität der zytosolischen GSH-S-Transferasen (mit CDNB als Substrat) war nach Gaben von Adrenalinum D 12 in bezug auf den Placebowert am deutlichsten erhöht (Abb. 65). Nach Vorbehandlung mit Adrenalinum D 6 bzw. D 30 fiel der Effekt geringer aus.

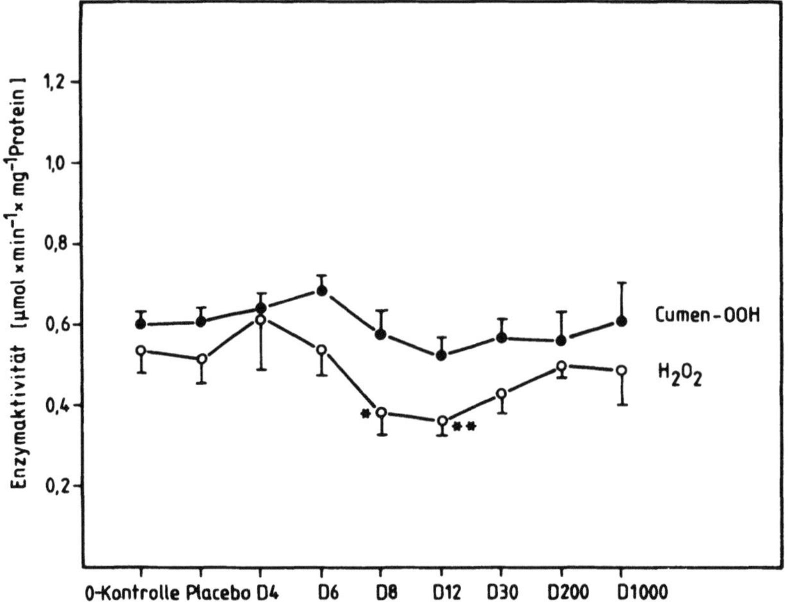

Abb. 64. Zytosolische Glutathion-Peroxidase mit H_2O_2 bzw. Cumenhydroperoxid als Substrat − Adrenalinum p.o. (zu 6.3.2.1)

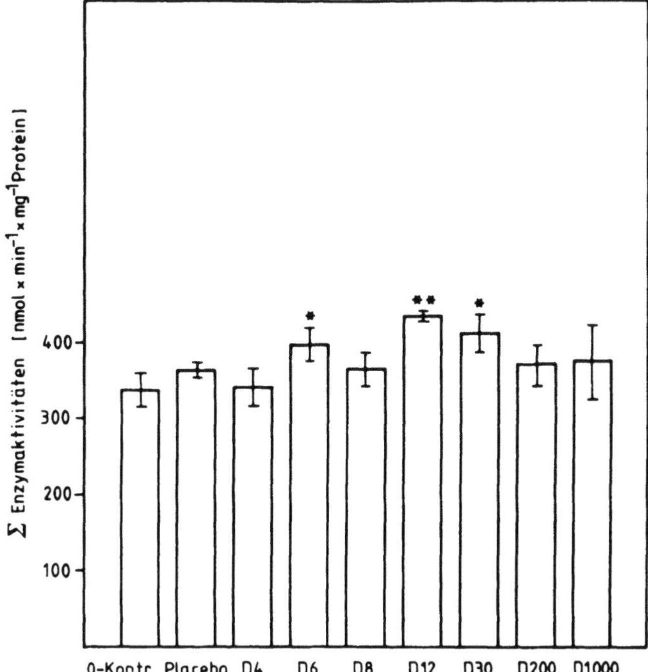

Abb. 65. Zytosolische Glutathion-S-Transferasen – Adrenalinum p.o. (zu 6.3.2.2)

6.3.2.3 Xanthin-Oxidase

Die Xanthin-Oxidase wurde durch Gaben von Adrenalinum D 6 aktiviert und durch Gaben von Adrenalinum D 12 in ihrer Aktivität gering abgeschwächt (Abb. 66).

6.3.2.4 GSH-Konzentration

Die Konzentration des Tripeptids Glutathion (GSH) – gemessen im Leber-Gesamthomogenat – war besonders deutlich nach Gabe von Adrenalinum D 8 unter den Wert der Placebogruppe abgesenkt (Abb. 67).

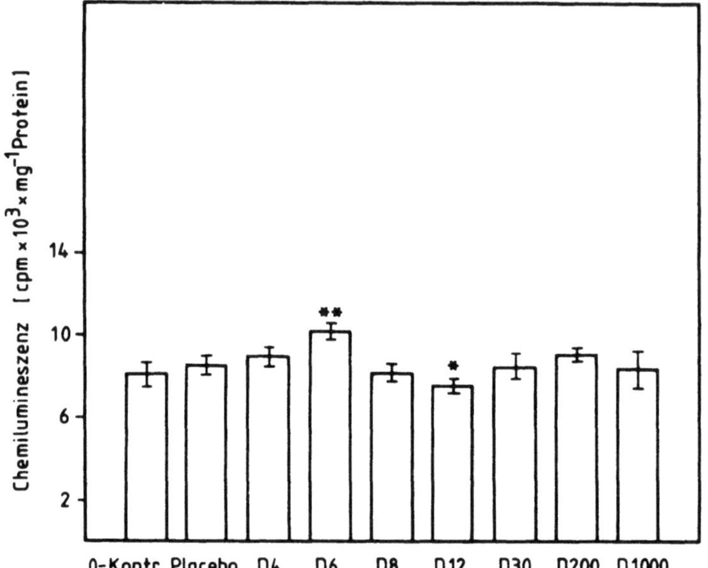

Abb. 66. Zytosolische Xanthin-Oxidase − Adrenalinum p.o. (zu 6.3.2.3)

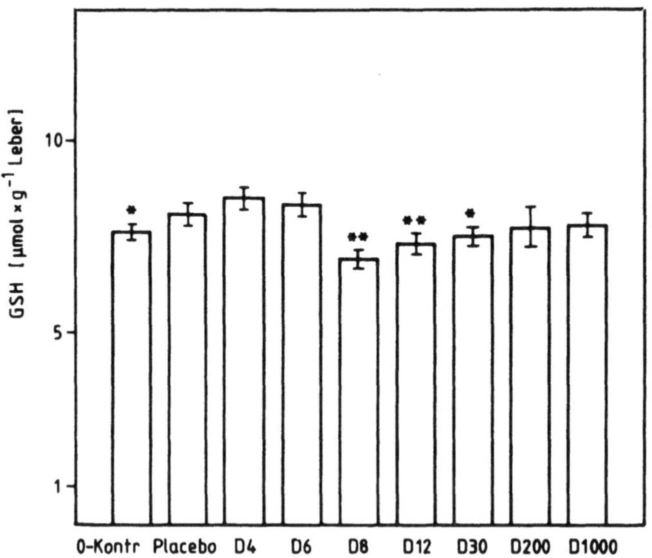

Abb. 67. Glutathion-Konzentration im Leber-Gesamthomogenat − Adrenalinum p.o. (zu 6.3.2.4)

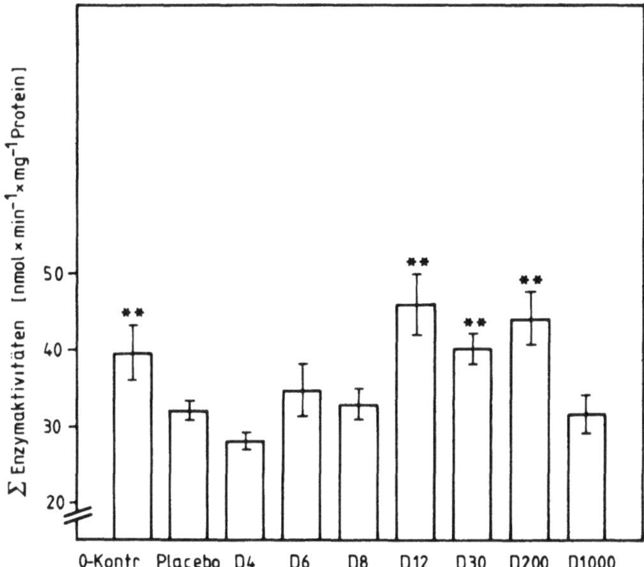

Abb. 68. Mikrosomale Glutathion-S-Transferasen — Adrenalinum p.o. (zu 6.3.3.1)

6.3.3 Mikrosomale Parameter

6.3.3.1 GSH-S-Transferasen

Durch Adrenalinum D 12-Gaben wurde die stärkste Aktivitäts-erhöhung dieser Enzyme (mit CDNB als Substrat) gegenüber der Placebogruppe gemessen. Die Aktivierungen nach Gaben von Adrenalinum D 30 und D 200 fielen geringer aus. Die Aktivität der Placebogruppe war von der Nullkontrolle verschieden (Abb. 68).

6.3.3.2 NADPH-Cytochrom-P450-Reductase

Für dieses Enzym zeigte sich keine statistisch signifikante Beeinflußbarkeit der Aktivität durch Adrenalinum (Abb. 69).

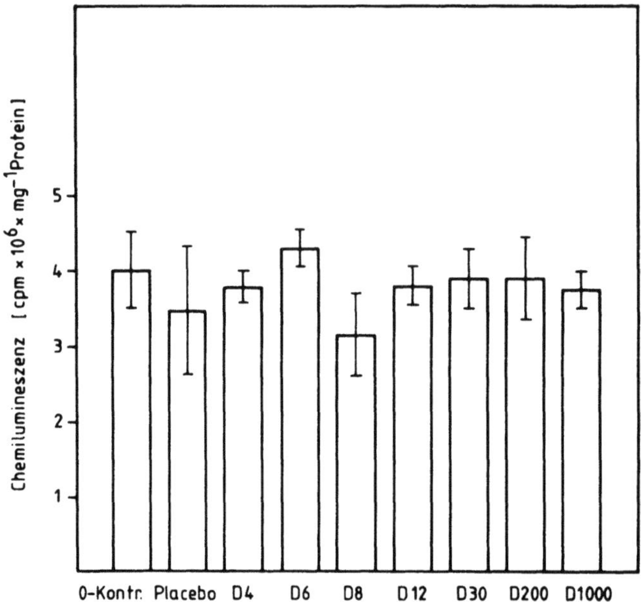

Abb. 69. Mikrosomale NADPH-Cytochrom-P450-Reductase − Adrenalinum p.o. (zu 6.3.3.2)

6.4 Wertung

Die polarographischen Ergebnisse zeigen, daß der Sauerstoffverbrauch der Mitochondrien durch die Adrenalinum-Potenzen D 4, D 6, D 8 und D 12 über den für die Placebogruppe gültigen Wert angehoben wurde.

Dieser Anhebung entspricht eine Aktivitätsdepression des mitochondrialen Anteils der GPO durch die Potenzen D 4, D 8, D 12 und D 30. Die Wirkung der Adrenalinum-Potenz D 6 fügt sich nicht in das Schema der Gegenläufigkeit ein.

Die in diesem Zusammenhang möglicherweise wichtigen Aktivitätsverläufe von Succinat-Dehydrogenase und mitochondrialer Superoxid-Dismutase wurden nicht ermittelt. Deshalb läßt sich die Einflußnahme von Adrenalinum-Potenzen auf den mitochondrialen Reaktionsraum noch nicht umfassend beurteilen.

Ausgangspunkt für die Überlegung, die Aktivität der GSH-S-Transferasen als Parameter vorzusehen, war die Beobachtung, daß Katecholamine (wie z.B. Noradrenalin) in vitro zu einer Aktivierung mikrosomaler GSH-S-Transferasen führten (Aniya and Anders, 1989).

Diese Aktivierung kann über die bei der Oxidation von Katecholaminen entstehenden reaktiven Sauerstoffmetaboliten erklärt werden, die eine für die Aktivierung nötige Oxidation von Thiolgruppen des Enzymproteins bewirken (Misra and Fridovich, 1972; Babior and Kipnes, 1976; Morgenstern et al., 1979; Morgenstern et al., 1980; Morgenstern et al., 1982; Boyer et al., 1986; Masukawa and Iwata, 1986; Morgenstern et al., 1988).

Die bei der Oxidation der Katecholamine und auch bei anderen Vorgängen gebildeten Sauerstoffradikalspezies können sich auch an anderen Thiolfunktionen absättigen. Ist das Tripeptid GSH durch einen solchen Vorgang betroffen, so entstehen gemischte (XSSG) oder symmetrische (GSSG) Disulfide. Die Konzentration an GSH sinkt dadurch ab (Sies, 1985).

Die Ergebnisse mit Adrenalinum lassen einerseits deutlich werden, daß die GSH-Konzentrationen nach Verabreichung von Adrenalinum D 8, D 12 und D 30 deutlich unter die Placebogruppe abgesunken ist. Andererseits wird sichtbar, daß die Aktivität der mikrosomalen GSH-S-Transferasen ansteigt, und zwar nach Gaben von Adrenalinum D 12, D 30 und auch nach Gaben von Adrenalinum D 200. In beiden Untersuchungsreihen liegen Nullkontrollen und Placebo nicht auf einem Niveau.

Die Potenzen D 6, D 12 und D 30 lassen auch die Aktivität der zytosolischen GSH-S-Transferasen ansteigen.

Ähnlich wie bei den mitochondrialen GPO-Anteilen ist auch die Aktivität der zytosolischen GPO dann niedrig, wenn auch die GSH-Konzentration als Folge der Vorbehandlung mit Adrenalinum auf ein niedriges Niveau abgesenkt worden ist. Eine Ausnahme bildete die zytosolische GPO nach Gabe von Adrenalinum D 4.

Die gefundenen Zusammenhänge dürften nach Vorliegen weiterer Ergebnisse eine Einordnung der Effekte möglich machen. Eine Weiterführung der Untersuchungen mit Adrenalinum ist daher als geeignet im Sinne einer Klärung kausaler Beziehungen anzusehen.

Nicht alle der mit Adrenalinum gefundenen Effekte sind zum jetzigen Zeitpunkt in diese Zusammenhänge schlüssig einordenbar. Dies gilt besonders für den Parameter Xanthin-Oxidase.

Möglicherweise ist die Erforschung der Wirkungsentfaltung von Adrenalinum-Potenzen einer der Bereiche, wo sich bald Beziehungen zwischen den gefundenen Effekten einerseits und der Ursächlichkeit ihres Zustandekommens andererseits zeigen dürften.

C Literaturverzeichnis

Abe T, Nawa Y (1987) Localization of mucosal mast cells in W/W mice after reconstitution with bone marrow cells or cultured mast cells. Parasite Immunol 9:477–485

Åkeson Å (1964) The zinc content of horse liver alcohol dehydrogenase. Biochem Biophys Res Commun 17:211–214

Alm E, Bloom GD (1982) Cyclic nucleotide involvement in histamine release from mast cells – A reevaluation. Life Sci 30:213–218

Aniya Y, Anders MW (1989) Activation of rat liver microsomal glutathione-S-transferase by reduced oxygen species. J Biol Chem 264:1998–2002

Anton AM, Sayre DF (1969) A modified fluorometric procedure for tissue histamine. J Pharmacol Exp Ther 166:285–291

Atkinson G, Ennis M, Pearce FL (1979) The effect of alkaline earth cations on the release of histamine from rat peritoneal mast cells treated with compound 48/80 and peptide 401. Br J Pharmacol 65:395–402

Babior BM, Kipnes RS (1976) Oxidation of epinephrine by a cell-free system from human granulocytes. Blood 47:461–471

Barrett AJ (1972) Lysosomal enzymes. In: Dingle JT (ed) Lysosomes – A Laboratory Handbook. North-Holland Publishing Co., Amsterdam, pp 116–118

Barrett AJ, Heath MF (1977) Lysosomal enzymes. In: Dingle JT (ed) Lysosomes – A Laboratory Handbook. Elsevier/North-Holland Biomedical Press, Amsterdam

Barrowman MM, Cockcroft S, Gomperts BD (1986) Two roles for guanine nucleotides in the stimulus-secretion sequence of neutrophils. Nature 319:504–507

Beauchamp C, Fridovich I (1971) Superoxide dismutase: Improved assays and an assay applicable to acrylamide gels. Anal Biochem 44:276–287

Bergmeyer HU, Gawehn K, Graßl M (1974) Enzyme. In: Bergmeyer HU (ed) Methoden der enzymatischen Analyse, 3. Aufl. Verlag Chemie, Weinheim S 388–483

Bergstén P-C, Waara I, Lövgren S, Liljas A, Kannan KK, Bengtsson U (1972) Crystal structure of human erythrocyte carbonic anhydrase C. V. Complexes with some anion and sulfonamide inhibitors. In: Roth M, Astrup P (eds) Proceedings of the Alfred Benzen Symposium IV. Munksgaard, Copenhagen, pp 363–383

Bertini I, Luchinat C (1983) An insight on the active site of zinc enzymes through metal substitution. Metal Ions in Biological Systems 15:101–156

Bland CE, Ginsburg H, Silbert JE, Metcalfe DD (1982) Mouse heparin proteoglycan. Synthesis by mast cell-fibroblast monolayers during lymphocyte-dependent mast cell proliferation. J Biol Chem 257:8661–8666

Bohley P (1987) Intracellular proteolysis. In: Neuberger A, Brocklehurst K (eds) New Comprehensive Biochemistry. Hydrolytic Enzymes, vol 16. Elsevier Science Publishers B.V., Amsterdam, pp 307–332

Boyer TD, Vessey DA, Kempner E (1986) Radiation inactivation of microsomal glutathione S-transferase. J Biol Chem 261:16963–16968

Brown DD, Tomchick R, Axelrod J (1959) The distribution and properties of a histamine-methylating enzyme. J Biol Chem 234:2948–2950

Buddecke E, Platt D (1965) Untersuchungen zur Chemie der Arterienwand. VIII. Nachweis, Reinigung und Eigenschaften der Hyaluronidase aus der Aorta des Rindes. Hoppe-Seyler's Z Physiol Chem 343:61–78

Carpenter FH, Vahl JM (1973) Leucine aminopeptidase (bovine lens) J Biol Chem 248:294–304

Chan BMC, McNeill K, Froese A (1988) Factor independent tissue cultured mast cells. Immunol Lett 18:37−42

Church FC (1985) An o-phthalaldehyd spectrophotometric assay for proteolytic enzymes. Prog Clin Biol Res 180:303−305

Cockcroft S, Gomperts BD (1985) Role of guanine nucletide binding protein in the activiation of polyphosphoinositide phosphodiesterase. Nature 314:534−536

Conchie J, Gelman AL, Levvy GA (1967a) Inhibition of glucosidases by aldonolactones of corresponding configuration. The C-4- and C-6-specificity of β-glucosidase and β-galactosidase. Biochem J 103:609−615

Conchie J, Hay AJ, Strachan I, Levvy GA (1967b) Inhibition of glucosidases by aldonolactones of corresponding configuration. Preparation of (1−5)-lactones by catalytic oxidation of pyranoses and study of their inhibitory properties. Biochem J 102:929−941

Coutts SM, Nehring RE, Jariwala NU (1980) Purification of rat mast cells. J Immunol 124:2309−2315

Cunnane SD (1988) Zinc: Clinical and biochemical significance. CRC-Press, Inc., Boca Raton, Florida

Dean RT, Barrett AJ (1976) Lysosomes. Essays Biochem 12:1−40

Dean RT, Roberts CR, Jessup W (1985) Fragmentation of extracellular and intracellular polypeptides by free radicals. Prog Clin Biol Res 180:341−350

Deckmyn H, Tu SM, Majerus PW (1986) Guanine nucleotides stimulate soluble phosphoinositide-specific phospholipase C in the absence of membranes. J Biol Chem 261:16553−16558

Decorti G, Klugmann FB, Candussio L, Baldini L (1986) Characterization of histamine secretion induced by anthracyclines in rat peritoneal mast cells. Biochem Pharmacol 35:1939−1942

DeMartino GN (1981) Calcium-dependent proteolytic activity in rat liver. Identification of two proteases with different calcium requirements. Arch Biochem Biophys 211:253−257

Dembo M, Goldstein B (1980) A model of cell activation and desensitization by surface immunoglobin: The case of histamine release from human basophils. Cell 22:59−67

Diamant B, Kazimierczak W, Patkar SA (1978) Does cyclic AMP play any role in histamine release from rat mast cells? Allergy 33:50−51

Drum DE, Harrison JH, Li T-K, Bethune JL, Vallee BL (1967) Structural and functional zinc in horse liver alcohol dehydrogenase. Proc Natl Acad Sci USA 57:1434−1440

Ennis M, Atkinson G, Pearce FL (1980) Inhibition of histamine release induced by compound 48/80 and peptide 401 in the presence and absence of endogenous calcium. Agent Action 10:222−228

Eriksson S, Guthenberg C, Mannervik B (1974) The nature of the enzymatic reduction of the mixed disulfide of coenzyme A and glutathione. FEBS Lett 39:296−300

Etlinger JD, McMullen H, Rieder RF, Ibrahim A, Janeczko RA, Marmorstein S (1985) Mechanisms and control of ATP-dependent proteolysis. Prog Clin Biol Res 180:47−60

Fridovich I (1978) The biology of oxygen radicals. Science 201:875−880

Froese A (1984) Receptors for IgE on mast cells and basophils. Prog Allergy 34:142−187

Frohwein YZ, Gatt S (1967) Isolation of β-N-acetylhexosaminidase, β-N-acetylglucosaminidase and β-N-acetylgalactosaminidase from calf brain. Biochemistry 6:2775−2782

Galdes A, Vallee BL (1983) Catagories of zinc metalloenzymes. Metal Ions in Biological Systems 15:1−54

Garlick PJ (1980) Protein turnover in the whole animal and specific tissues. Compr Biochem 19B:77−152

Geller BL, Winge DR (1982) Rat liver Cu-Zn superoxide dismutase. Subcellular localization in lysosomes. J Biol Chem 257:8945−8949

Gilbert HF (1982) Biological disulfides: The third messenger? J Biol Chem 257:12086−12091

Ginsburg H, Ben-Shahar D, Ben-David E (1982) Mast cell growth on fibroblast monolayers: two-cell entities. Immunology 45:371−380

Gomperts BD (1983) Involvement of guanine nucleotide-binding protein in the gating of Ca^{2+} by receptors. Nature 306:64−66

Habig WH, Pabst MJ, Jakoby WB (1974) Glutathione-S-transferases (The first step in mercapt. acid formation). J Biol Chem 249:7130−7139

Hanson H, Frohne M (1976) Crystalline leucine aminopeptidase from lens (α-aminoacyl-peptide hydrolase; E.C. 3.4.11.1). Methods Enzymol 45:504−521

Harisch G, Eikemeyer J, Schole J (1979) The glutathione status of the rat liver. Experientia 35:719−720

Harisch G, Kretschmer M (1987) Some aspects of a non-linear effect of zinc ions on the histamine release from rat peritoneal mast cells. Res Commun Chem Pathol Pharmacol 55:39−48

Harisch G, Kretschmer M (1989) Investigations on the influence of copper succinate on the production of superoxide anion radicals by bovine small intestinal mucosa cells. J Vet Med A 36:576−584

Heiman AS, Crews FT (1985) Characterization of the effects of phorbol esters on rat mast cell secretion. J Immunol 134:548−555

Herrath M von, Holzer H (1985) Oxidative inactivation of yeast fructose-1,6-bisphosphatase. Prog Clin Biol Res 180:329−340

Hershko A, Ciechanover A (1982) Mechanisms of intracellular protein breakdown. Ann Rev Biochem 51:335−364

Ishizaka T (1982) Biochemical analysis of triggering signals induced by bridging of IgE receptors. Fed Proc 41:17−21

Ishizaka T, Conrad DH, Schulman ES, Sterk AR, Ishizaka K (1983) Biochemical analysis of initial triggering events of IgE-mediated histamine release from human lung mast cells. J Immunol 130:2357−2362

Ishizaka T, Ishizaka K (1984) Activation of mast cells for mediator release through IgE-receptors. Prog Allergy 34:188−235

Johansen T (1980) Further observations on the utilization of adenosine triphosphate in rat mast cells during histamine release induced by the ionophore A 23187. Br J Pharmacol 69:657−662

Johansen T (1981) Dependence of anaphylactic histamine release from rat mast cells on cellular energy metabolism. Eur J Pharmacol 72:281−286

Karlson P (1988) Kurzes Lehrbuch der Biochemie. 13. Aufl., Thieme, Stuttgart

Katunuma N, Wakamatsu N, Takio K, Titani K, Kominami E (1983) Structure, function, and regulation of endogenous thiol proteinase inhibitor. In: Katunuma N, Umezawa H, Holzer H (eds) Proteinase Inhibitors. Japan Scientific Soc. Press. Springer, Tokyo, Berlin, pp 135−145

Katunuma N, Kominami E (1985) Lysosomal thiol cathepsins and their endogenous inhibitors. Distribution and localization. Prog Clin Biol Res 180:71−79

Kazimierczak W, Diamant B (1978) Mechanisms of histamin release in anaphylactic and anaphylactoid reactions. Prog Allergy 24:295−365

Kazimierczak W, Meier HL, MacGlashan DW Jr, Lichtenstein LM (1984) An antigen-activated DFP-inhibitable enzyme controls basophil desensitization. J Immunol 132:399−405

Kenny J, Gee N, Matsas R, Stewart J, Bowes M, Turner A (1985) Endopeptidase 24.11. Prog. Clin Biol Res 180:175−184

Kersters-Hilderson H, Loontiens FG, Claeyssens M, de Bruyne CK (1969) Partial purification and properties of an induced β-D-xylosidase of Bacillus pumilus 12. Eur J Biochem 7:434−441

Kettmann U, Hanson H (1970) Zur Bedeutung des Zinks in der Leucinaminopeptidase aus Rinderaugenlinsen. FEBS Lett 10:17−20

Khairallah EA, Bartolone J, Brown P, Bruno MK, Makowski G, Wood S (1985) Does glutathione play a role in regulating intracellular proteolysis? Prog Clin Biol Res 180:373−383

Kido H, Izumi K, Otsuka H, Fukusen N, Kato Y, Katunuma N (1986) A chymotrypsin-type serine protease in rat basophilic leukemia cells: Evidence for its immunologic identity with atypical mast cell protease. J Immunol 136:1061−1065

Kirschke H, Barrett AJ (1985) Cathepsin L − A lysosomal cysteine proteinase. Prog Clin Biol Res 180:61−69

Kleber HP, Schlee D (1987) Biochemie I, Fischer, Stuttgart

König W, Bohn A, Theobald K, Bremm KD, Knöller J (1983) Immunologische Grundlagen der klinischen Allergologie − Biochemie der Mastzelle. In: Schmidt OP (ed) Mastzellenprotektion, Dustri, München, S 6−41

Kominami E, Wakamatsu N, Katunuma N (1982) Purification and characterization of thiol proteinase inhibitor from rat liver. J Biol Chem 257:14648−14652

Kowarski S, Blair-Stanek CS, Schachter D (1974) Active transport of zinc and identification of zinc-binding protein in rat jejunal mucosa. Am J Physiol 226:401−407

Kramar R (1971) Solubilisierung von Prolin-Dehydrogenase aus Rattenlebermitochondrien. Hoppe Seyler's Z Physiol Chem 352:1267−1270

Lawrence RA, Burk RF (1976) Glutathione peroxidase activity in selenium-deficient rat liver. Biochem Biophys Res Commun 71:952−958

Lehninger AL (1987) Prinzipien der Biochemie. de Gruyter, Berlin New York

Levi-Schaffer F, Austen KF, Gravallese PM, Stevens RL (1986) Coculture of interleukin 3-dependent mouse mast cells with fibroblasts results in a phenotypic change of the mast cells. Proc Natl Acad Sci USA 83:6485−6488

MacGlashan DW Jr, Lichtenstein LM (1980) The purification of human basophils. J Immunol 124:2519−2521

Marks N, Kopitar M, Stern F, Berg MJ (1985) Proenkephalin and enkephalin metabolism by rat brain cathepsin B: Conversion, inactivation, and suppression by an endogenous inhibitor. Prog Clin Biol Res 180:247−249

Masukawa T, Iwata H (1986) Possible regulation mechanism of microsomal glutathione S-transderase activity in rat liver. Biochem Pharmacol 35:435−438

McCord JM, Fridovich I (1969) Superoxide dismutases. J Biol Chem 244:6049−6055

McKay MJ, Bond JS (1985) Oxidation of protein sulfhydryl groups as an initial event in protein degradation. Prog Clin Biol Res 180:351−361

Metcalfe DD, Kaliner M, Donlon MA (1981) The mast cell. CRC Crit Rev Immunol 3:23−74

Misra HP, Fridovich I (1972) The role of superoxide anion in the autoxidation of epinephrine and a simple assay for superoxide dismutase. J Biol Chem 247:3170−3175

Mitchell P (1972) Chemiosmotic coupling in energy transduction: A logical development of biochemical knowledge. Bioenergetics 3:5−12

Mitchell P (1976) Vectorial chemistry and the molecular mechanics of chemiosmotic coupling. Power transmission by proticity. Biochem Soc Trans 4:399−406

Morgenstern R, DePierre JW, Ernster L (1979) Activation of microsomal glutathione S-transferase activity by sulfhydryl reagents. Biochem Biophys Res Commun 87:657−663

Morgenstern R, DePierre JW, Ernster L (1980) Reversible activation of rat liver microsomal glutathione S-transferase activity by 5,5′-dithiobis(2-nitrobenzoic acid) and 2,2′-dipyridyldisulfide. Acta Chem Scand B34:229−230

Morgenstern R, Guthenberg C, DePierre JW (1982) Microsomal glutathione-S-transferase. Purification, initial characterization and demonstration that it is not identical to the cytosolic glutathione-S-transferase A, B and C. Eur J Biochem 128:243−248

Morgenstern R, Lundqvist G, Hancock V, DePierre JW (1988) Studies on the activity and activation of rat liver microsomal glutathione transferase, in particular with a substrate analogue series. J Biol Chem 263:6671−6675

Musch MW, Siegel MI (1986) Antigen-stimulated metabolism of inositol-phospholipids in the cloned murine mast-cell line MC 9. Biochem J 234:205−212

Nakano T, Sonoda T, Hayashi C, Yamatodani A, Kanayama Y, Yamamura T, Asai H, Yonezawa T, Kitamura Y, Galli SJ (1985) Fate of bone marrow-derived cultured mast cells after intracutaneous, intraperitoneal, and intravenous transfer into genetically mast cell-deficient W/W^v mice. Evidence that cultured mast cells can give rise to both connective tissue type and mucosal mast cells. J Exp Med 162:1025−1043

Neher E (1988) The influence of intracellular calcium concentration on degranulation of dialyzed mast cells from rat peritoneum. J Physiol 395:193−214

Nelbach ME, Pigiet VP, Gerhart JC, Schachman HK (1972) A role of zinc in the quaternary structure of aspartate transcarbamoylase from Escherichia coli. Biochemistry 11:315−327

Nohl H (1981) Physiologische und pathophysiologische Bedeutung von Superoxid-Radikalen und die regulatorische Rolle des Enzyms Superoxiddismutase. Klin Wochenschr 59:1081−1091

Notstrand B, Vaara I, Kannan KK (1975) Structural relation of human erythrocyte carbonic anhydrase isoenzymes B and C. In: Markert CL (ed) The Isoenzymes, 3rd Int. Conf. Isoenzymes, vol 1, Molecular Structure. Academic Press, New York, pp 575−599

Pertoft H, Wärmegård B, Höök M (1978) Heterogeneity of lysosomes originating from rat liver parenchymal cells. Biochem J 174:309−317

Phillips AH, Langdon RG (1962) Hepatic triphosphoridine nucleotide-cytochrome c reductase. J Biol Chem 237:2652−2660

Richter T (1989) Zur Asphyxia neonatorum des Kalbes: Biochemische Grundlagen und medikamentelle Beeinflußbarkeit. Diss., Tierärztliche Hochschule Hannover

Ring J, Ahlborn R (1983) Allergische Erkrankungen. Deutscher Apotheker Verlag, Stuttgart, S 45

Robinson D, Stirling JL (1968) N-acetyl-β-glucosaminidase in human spleen. Biochem J 107:321−327

Rohrlich ST, Levy H, Rifkin DB (1985) Purification and characterization of a low molecular mass cysteine proteinase inhibitor from human amniotic fluid. Prog Clin Biol Res 180:239−241

Rosengard BR, Mahalik C, Cochrane DE (1986) Mast cell secretion: Differences between immunologic and non-immunologic stimulation. Agent Action 19:133−140

Schmidt E (1974) Glutamat-Dehydrogenase. In: Bergmeyer HU (ed) Methoden der enzymatischen Analyse, 3. Aufl. Verlag Chemie, Weinheim, S 607−613

Schole J (1982) Theory of metabolic regulation including hormonal effects on the molecular level. J Theor Biol 96:579−615

Schulman ES, MacGlashan DW Jr, Peters SP, Schleimer RP, Newball HH, Lichtenstein LM (1982) Human lung mast cells: Purification and characterization. J Immunol 129:2662−2667

Schwarz FJ, Kirchgessner M (1974a) In-vitro-Untersuchungen zur intestinalen Zink-Absorption. Z Tierphysiol Tierernähr Futtermittelk 34:67−76

Schwarz FJ, Kirchgessner M (1974b) Wechselwirkungen bei der intestinalen Absorption von 64-Cu, 65-Zn und 59-Fe nach Cu-, Zn- oder Fe-Depletion. Int Z Vitamin-Ernährungsforsch 44:116−126

Schwarz FJ, Kirchgessner M (1975) Tierexperimentelle Untersuchungen zur Zn-Absorption bei verschiedenen Dünndarmabschnitten und Zn-Verbindungen. Nutr Metab 18:157−166

Schwarz FJ, Kirchgessner M (1980) Experimentelle Untersuchungen zur Interaktion zwischen den Spurenelementen Zink und Mangan. Z Tierphysiol Tierernähr Futtermittelk 43:272−282

Seldin DC, Adelman S, Austen KF, Stevens RL, Hein A, Caulfield JP, Woodbury RG (1985) Homology of the rat basophilic leukemia cell and the rat mucosal mast cell. Proc Natl Acad Sci USA 82:3871−3875

Sieghart W, Theoharides TC, Alper SL, Douglas WW, Greengard P (1978) Calcium-dependent protein phosphorylation during secretion by exocytosis in the mast cell. Nature 275:329−331

Sieghart W, Theoharides TC, Douglas WW, Greengard P (1981) Phosphorylation of a single mast cell protein in response to drugs that inhibit secretion. Biochem Pharmacol 30:2737−2738

Sies H (1985) Oxidative stress. Introductory remarks. In: Sies H (ed) Oxidative Stress. Academic Press, London, pp 1−7

Siraganian RP (1974) An automated continuous flow system for the extraction and fluorometric analysis of histamine. Anal Biochem 57:383−394

Siraganian RP (1981) Immediate hypersensitivity reactions. In: Oppenheim JJ, Rosenstrich DR, Potter M (eds) Cellular Functions in Immunity and Inflammation. Elsevier/North-Holland, New York, pp 323−354

Siraganian RP (1983) Histamine secretion from mast cells and basophils. Trends Pharmacol Sci 4:432−437

Siraganian RP (1985) Biochemical events in basophil/mast cell activation and mediator secretion. In: Kaplan AP (ed), Allergy. Churchill Livingstone, New York, pp 31−51

Siraganian RP (1988) Mast cells and basophils. In: Gallin JI, Goldstein IM, Snyderman R (eds) Inflammation: Basic Principles and Clinical Correlates. Raven Press, New York, pp 513–542

Sonoda S, Sonoda T, Nakano T, Kanayama Y, Kanakura Y, Asai H, Yonezawa T, Kitamura Y (1986) Development of mucosal mast cells after injection of a single connective tissue-type mast cell in the stomach mucosa of genetically mast cell-deficient W/W^v mice. J Immunol 137:1319–1322

Stryer L (1988) Biochemistry, 3rd edition. Freeman and Company, New York

Sullivan TJ, Parker KL, Kulczycki A Jr, Parker CW (1976) Modulation of cyclic AMP in purified rat mast cells. III. Studies on the effects of concanavalin A and anti-IgE on cyclic AMP concentrations during histamine release. J Immunol 117:713–716

Sydbom A, Fredholm B, Uvnäs B (1981) Evidence against a role of cyclic nucleotides in the regulation of anaphylactic histamine release in isolated rat mast cells. Acta Physiol Scand 112:47–56

Sydbom A, Fredholm B (1982) On the mechanism by which theophylline inhibits histamine release from rat mast cells. Acta Physiol Scand 114:243–251

Takatsu K, Ishizaka T, Ishizaka K (1975) Biologic significance of disulfide bonds in human IgE molecules. J Immunol 114:1838–1845

Takei M, Urashima H, Endo K, Muramatu M (1989) Role of calcium in histamine release from rat mast cells activated by various secretagogues; intracellular calcium mobilization correlates with histamine release. Biol Chem Hoppe-Seyler 370:1–10

Takio K, Kominami E, Bando Y, Katunuma N, Titani K (1984) Amino acid sequence of rat epidermal thiol proteinase inhibitor. Biochem Biophys Res Commun 121:149–154

Taniguchi S, Theorell H, Åkeson Å (1967) Dissociation constants of the binary complex of homogenous horse liver alcohol dehydrogenase and nicotiniumamide adenine dinucleotide. Acta Chem Scand 21:1903–1920

Theoharides TC, Sieghart W, Greengard P, Douglas WW (1980) Antiallergic drug cromolyn may inhibit histamine secretion by regulating phosphorylation of a mast cell protein. Science 207:80–82

Turk V, Brzin J, Kopitar M, Kregar I,Ločnikar P, Longer M, Popovič T, Ritonja A, Vitale L, Machleidt W, Giraldi T, Sava G (1983) Lysosomal cysteine proteinases and their protein inhibitors – structural studies. In: Katunuma N, Umezawa H, Holzer H (eds) Proteinase Inhibitors. Japan Scientific Soc. Press. Springer, Tokyo Berlin, pp 125–130

Turk V, Brzin J, Kopitar M, Kotnik M, Local̆nikar P, Popovič T, Machleidt W (1984) Characterization and structural studies of cathepsin B, H and L and their protein inhibitors. Symp Biol Hungarica 25:155–165

Uvnäs B (1978) Chemistry and storage function of mast cell granules. J Invest Dermatol 71:76–80

Vallee BL, Hoch FL (1957) Zinc in horse liver alcohol dehydrogenase. J Biol Chem 225:185–195

Weigand E, Kirchgessner M (1978) Homeostatic adaption of zinc absorption and engogenous zinc excretion over a wide range of dietary zinc supply. In: Kirchgessner M (ed) Trace element metabolism in man and animals. Proc Int Symp, vol 3. Arbeitskreis Tierernährungsforschung Weihenstephan, Freising-Weihenstephan, F.R. Germany, pp 106–109

Weitzel G, Fretzdorf M (1956) Zink-Imidazol-Verbindungen. Hoppe Seyler's Z Physiol Chem 305:1–20

White JR, Pearce FL (1982) Effect of antiallergic compounds and anaphylactic histamine secretion from peritoneal mast cells in the presence and absence of exogenous calcium. Immunol 46:361–367
Wildenthal K, Wakeland JR (1985) The role of lysosomes in the degradation of myofibrillar and non myofibrillar proteins in heart. Prog Clin Biol Res 180:511–520
Yurt RW, Leid W, Spragg J, Austen KF (1977) Immunologic release of heparin from purified rat peritoneal mast cells. J Immunol 118:1201–1207

Nachwort

In diesem Buch ist eine Reihe von Ergebnissen beschrieben, die in vierjähriger Forschungsarbeit entstanden sind.

Es wird, wie mehrfach erwähnt, nicht der Anspruch erhoben, daß auch nur einer der bearbeiteten Teilkomplexe einer Klärung der zugrunde liegenden kausalen Zusammenhänge zugeführt worden ist. Erst in Fortführung der begonnenen Arbeiten kann dies möglich sein.

Die Präsentation von Effekten hat jedoch den *Komplex Homöopathieforschung definierbar gemacht.* Sie ist Voraussetzung dafür, daß nicht mehr diffus und im Grauzonenbereich einerseits Forderungen nach grundlegender Forschungsarbeit erhoben, andererseits Versprechungen zu deren Erfüllung gemacht werden müssen. Es ist beispielsweise (gemeinsam) zu klären, wie der von Arsenicum album oder der von Ferrum phosphoricum auf lysosomale Enzyme ausgeübte Effekt zustandekommt.

Daraus ergibt sich die Forderung an alle interessierten Naturwissenschaftler zu überlegen, wie die anstehenden Fragen geklärt werden können.

Grundlagenforschung verursacht erhebliche Kosten an Sachmitteln, und sie ist personalintensiv. Aus diesen, als bekannt vorauszusetzenden Gründen, sollten alle Förderungseinrichtungen auch diesen Zweig naturwissenschaftlicher Forschung entsprechend seiner Bedeutung unterstützen und ihm damit das Manko des „Alternativen" nehmen. Nur dadurch wird es möglich sein, daß Forscher sich ohne Befürchtungen zu ihrer Interessenlage bekennen und entsprechende Aktivitäten entfalten können.

Zunächst ist dieser Zustand aber noch realitätsfern, und das schöpferische Potential vieler Naturwissenschaftler bleibt bedauerlicherweise weiterhin ungenutzt.

In Kenntnis dieses Mangels kann und sollte nicht davon ausgegangen werden, daß die naturwissenschaftlichen Einzeldisziplinen ihr Wissen zu einem vollständigen Ganzen vereinen. Da das Ganze als Summe seiner Teile aufgefaßt werden kann, addiert sich bei Fehlen eines Teiles der Rest nur zum „Ganzen minus eins".

Es deutet einiges darauf hin, daß es ein wesentlicher Teil ist, der fehlt.

Möglicherweise wird diese Einschätzung nicht mehrheitlich akzeptiert, was jedoch nicht bedeutet, daß sie deshalb falsch sein muß; denn es gehört zu den unauflöslichen Widersprüchen einer pluralistisch tolerierten Ideenvielfalt, daß die Wahrheit bei der Minderheit, der Irrtum aber bei der Mehrheit angesiedelt sein kann.

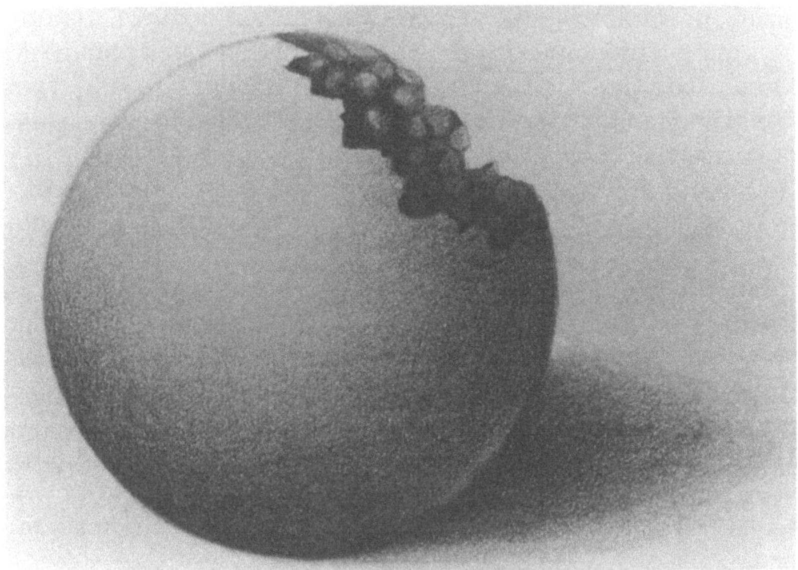

Das Ganze ist die Summe seiner Teile

Danksagung

Die Durchführung der diesem Buch zugrundeliegenden Arbeiten wurde durch Sach- und Personalmittel der Karl und Veronica Carstens-Stiftung möglich gemacht. Sämtliche zum Einsatz gelangten Homöopathika stammen von der Firma Deutsche Homöopathie Union, Karlsruhe. Die wäßrigen Potenzen sind Sonderanfertigungen gleicher Herkunft. Die Idee für dieses Buch stammt von Herrn Dr. Henning Albrecht. Seine effektivkatalysierenden Eigenschaften haben die termingerechte Fertigstellung des Manuskriptes erleichtert.

Die umfangreichen Laborarbeiten wurden mit großer Geduld und Sorgfalt von Frau Karin Löppen, Frau Loan Pham-Nguyen und Frau Heike Kanapin bewältigt. Die Herren Dietmar Bertelsmann und Hinrich Horstmann fanden trotz ihrer Promotionsbelastung Zeit für ein sachbezogenes Engagement. Frau Karin Löppen erstellte sämtliche Graphiken, Frau Loan Pham-Nguyen zeichnete die unvollständige Kugel. Frau Ilse-Dorothee Gauger tippte mit großer Sorgfalt sämtliche Fassungen des Manuskriptes.

Von vielen Kollegen erhielten wir während der jahrelangen Forschungsarbeiten immer wieder positive Anregungen, die uns in unserem Bemühen bestärkten, die biochemischen Grundlagen der Homöopathie zu untersuchen.

Sachverzeichnis

MIX
Papier aus verantwortungsvollen Quellen
Paper from responsible sources
FSC® C105338

If you have any concerns about our products,
you can contact us on
ProductSafety@springernature.com

In case Publisher is established outside the EU,
the EU authorized representative is:
**Springer Nature Customer Service Center GmbH
Europaplatz 3, 69115 Heidelberg, Germany**

Printed by Libri Plureos GmbH
in Hamburg, Germany